池田書店

春

夏(なつ)

秋(あき)

草花のからだ

草花全体の様子

花

植物は成長すると、つぼみをつけ花を咲かせます。きれいな花びらをつける花もたくさんあります。花が枯れると実ができ種子がみのります。

花茎

花茎は地表からのびて、その先に花や花序をつくり、葉をつけない茎をいいます。茎は葉をつける器官です。また、茎の中を通って、水や養分が植物全体に運ばれます。つるのような茎をのばす植物もあります。

葉

葉は、地面からいくつも出るものや、茎の途中から出るものがあります。太陽の光と水と二酸化炭素で光合成を行い、成長に必要な栄養をつくり出します。

根

地面の下には根があり、地上の茎がたおれないように支えます。土の中の水分や栄養を吸収する役割も持っています。

スイセンの花と球根

花のつくり

基本のつくり

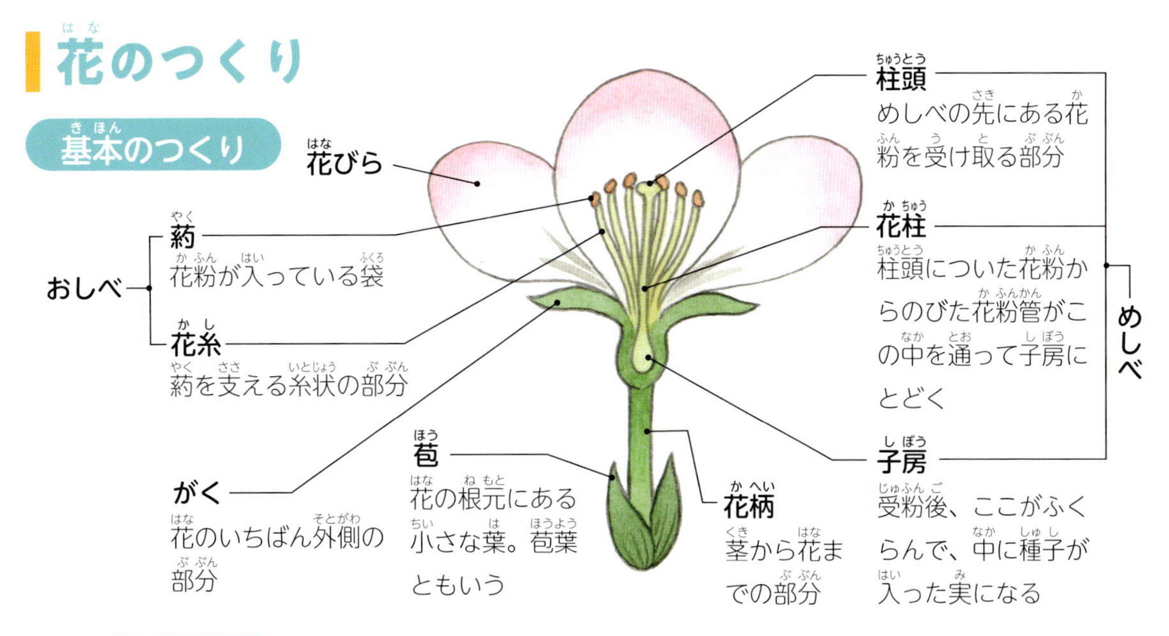

キク科の花

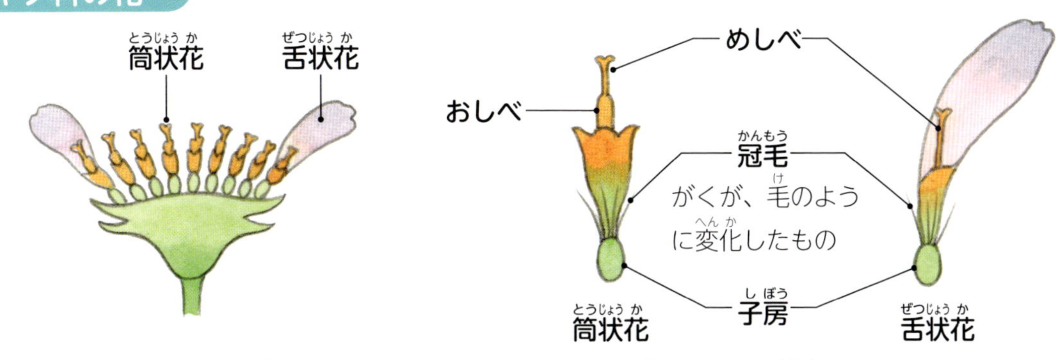

キク科の花は、ふつう筒状花と舌状花の2種類の花があり、1つの花のかたまり(頭花)になっています。すべてが筒状花のもの、中心部が筒状花でまわりが舌状花のもの、すべてが舌状花のものの3とおりがあります。

いろいろな花の形

葉のつくり

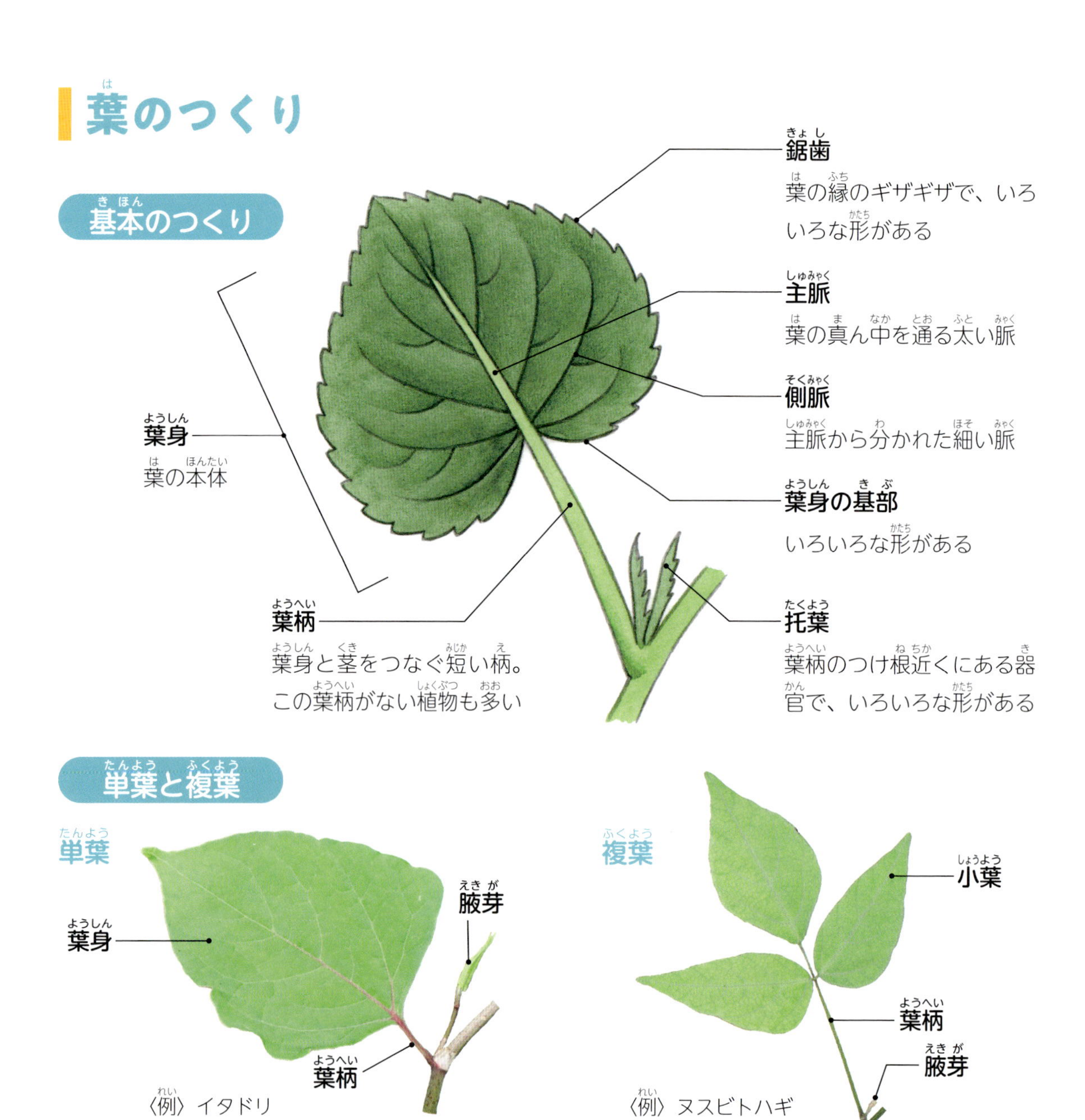

葉は、茎の節の部分から出ます。葉身が1枚のものを単葉といい、2枚以上の小さな葉（小葉といいます）に分かれているものを複葉といいます。単葉か複葉かは、葉のつけ根に腋芽があるかないかで見分けられます。小葉のつけ根には托葉や腋芽はありません。

ロゼット

植物が冬を越すために地面に平らに葉をのばして冷たい風をよけ、日光ができるだけたくさん当たるように広がったものをロゼットといいます。

ハルジオンのロゼット

セイヨウタンポポのロゼット

観察に出かけよう

公園や道ばたで実際の草花や雑草を探してみましょう。じっくり見たり、さわったり、においをかいだりといろいろな方法で観察しましょう。

見つけた草花が、
図鑑の植物と
同じかどうか
くらべてみよう

観察のときの服装

長そでのシャツ
日焼けや虫を防ぐため、長そでシャツがおすすめです。上着で調節してもよいですね。白っぽい服装にすると、スズメバチなどに襲われづらくなります。

動きやすいくつ
脱げにくく、はきなれたくつがよいでしょう。

帽子
日よけのつばがある帽子がおすすめです。

リュック
両手が使えるように、荷物はリュックに入れると便利です。

長ズボン
草の葉やとげで足を傷つけたり、虫にさされたりしないように、長ズボンをはきましょう。

持っていくと便利なもの

- 虫めがね
- 図鑑
- 虫さされのくすり
- 観察ノートと筆記具
- 飲料水など
- 虫よけスプレー
- 汗などをふくためのタオルやハンカチ
- カメラ（撮影のできるタブレットなどもおすすめ）

安全に観察するために

先生や
保護者の方の
注意をよく
聞いてね

むやみにさわらない

毒やとげがあるかもしれないので、むやみにさわってはいけません。

交通事故に注意する

道ばたでは、自動車や自転車に気をつけましょう。また、通行する人のじゃまにならないように注意しましょう。

危ない場所に入らない

先生や保護者の方に入ってはいけないと言われた場所にはけっして入らないようにしましょう。

植物を大切に

植物にさわって観察するときは、やさしく扱いましょう

強い力で引っ張ったり、無理やり裏返したりねじったりすると、いたんでしまいます。

勝手に採取して持ち帰らない

公園など公共の場所では、植物を勝手に持ち帰らないようにしましょう。

※必要なときは保護者の方に相談し、所有者の方に許可をもらってから採取しましょう。

草などを踏みつけない

夢中になって、足元の草花を踏みつけることがないようにしましょう。

虫めがねを使ってみよう

小さな花の形や葉の様子などをこまかく観察するときに、虫めがねはとても役だちます。
虫めがねは、目のすぐ近くにしっかり固定して持つとよいですよ。

手で持てない植物

見るものがはっきり見えるところまで近づいてとめます。

手で持てる植物

見るものを動かして、はっきり見えるところでとめます。

絶対にダメ！

虫めがねで太陽を見てはいけません！　目をいためてしまいます。

観察ノート

自分で観察ノートをつくるときは、植物の名前のほかに、日付と場所も忘れずに入れておきましょう。あとで振り返るときに便利です。
葉や花、茎の形や色、においなど観察してわかったことや、感じたこと、その場で見聞きした話など、どんどん記入しておくとよいでしょう。
絵が好きだったら、ノートの紙面をいっぱい使って絵や文字を自由に描いてみるのもよいですね。
「No.」などとして、番号をつける欄をつくって整理すると、あとから探すときに便利です。

知っておくと役に立つ用語

一日花
咲いたその日のうちにしぼんでしまう花。

一年草
春に芽を出し、春から夏にかけ花を咲かせて種子をつくり、その年のうちに枯れてしまう草花。

越年草
秋に芽を出して、冬の間は葉を枯らさずに過ごし、春に花を咲かせて、夏までに枯れて種子を残す草花。冬型一年草ともいいます。

エライオソーム
種子の先やまわりにつく付属物。含まれる成分のはたらきで寄ってきたアリによって、種子が運ばれます。このような植物をアリ散布植物といいます。スミレ、ホトケノザなどで見られます。

おばな
おしべだけがある花。

塊茎
地下茎の先に養分をためて、大きくふくらんだ部分のこと。ジャガイモなどで見られます。

学名
世界共通で使われる植物や動物などの名前。グループ名の「属名」と、その種の特徴や人名、地名などを表す「種形容語」の二語から構成されます。カール・フォン・リンネが考案したもので、「二語名法」とよばれ、ルールに従って名前がつけられます。

花序
花の集まっている部分。細長い穂状の場合は、花穂ともいいます。

稈
イネ科植物の茎のこと。節がはっきりわかり、節と節の間が空洞になっています。

漢方
昔、中国から伝わった医術のこと。

帰化植物
人間の活動で国境を越えて、外国から持ち込まれ、国内で野生化して繁殖する植物。

寄生植物
ほかの植物から養分を吸収して生活する植物。

球茎
茎の基部が球形に肥大したもの。サトイモ、グラジオラスの球根などで見られます。

球根
地下にある茎や根などがふくれている部分の総称。

距
がくや花びらの根元の一部が、袋のようになった部分で、中に蜜がたまります。

共生
異なる生物が生活を共にして、互いにあるいは片方が利益を得ながら生活すること。

茎を抱く
葉身の基部 (P.6) が、茎のまわりを取り囲むようについていること。

光合成
緑色をした葉緑素のはたらきで、光と水と二酸化炭素を利用してでんぷんなど植物の成長に必要な養分をつくり出すこと。

根茎
地表面から下の茎で、根のように見える茎。

根出葉
地中の根から生えているように見える葉。根生葉ともいいます。

雑草
畑や花壇などに意図せずに生えてくる草。広い意味では、自然に生えてくるいろいろな（それぞれ名前のある）草の総称。

自家受粉
同じ個体の花粉によって受粉すること。

腺毛
先端が球状にふくらんでいて、粘液を出す毛。

総苞／総苞片
総苞とは花序の下にあり、多数の苞が集まったもので、そのひとつひとつを総苞片といいます。

多年草
地下茎や根が２年以上生きていて、春に芽を出し花を咲かせて種子をつくり、秋には地上にある部分は枯れてしまう草花。

単為生殖
受粉せずに種子ができること。セイヨウタンポポやドクダミなど。親と同じ遺伝子を持つ子ども（クローン）ができます。

地下茎
地中にある特殊な形をした茎。形によって、塊茎、球茎、根茎、鱗茎に区別されます。

地上茎
地上にある茎。

二年草
芽を出してから花を咲かせて種子をつくるのが、２年以内のもの。

閉鎖花
つぼみの状態で開かず、自分の花粉で受精して実をつくるもの。スミレ、ホトケノザ、フタリシズカなどで見られます。

むかご
葉のつけ根などにできる丸い芽で、地面に落ちて新しい株をつくります。

めばな
めしべだけがつく花。

翼
花柄、葉柄、果実などの横に広がった付属物。

卵形
真ん中より下にいちばん広い部分がある、ニワトリの卵の横断面のような葉の形のこと。

両性花
１つの花の中に、おしべとめしべの両方がある花。

鱗茎
茎のまわりに養分をたくわえた鱗片状の肉質のものが密生して球形になったもの。ユリ、ヒガンバナなどで見られます。

ロゼット
根出葉が、地面に張りつくように葉を広げた状態。

はじめに

植物の祖先が海から陸に上がって生活するようになったのは、今から約５億年も前です。そのころの植物は緑藻類とよばれるものだったといわれます。やがて、コケ類、シダ類、種子植物が現れ、現在のさまざまな姿をした植物の世界ができあがりました。

人間を含めて動物や昆虫は、植物を食べたり利用したりして生きています。そして植物も、動物や昆虫がいなければ、子孫を残すため花粉や種子を遠くに運んでもらうことができません。両者はお互いになくてはならない関係にあります。

この本では、そんな植物の世界を知るための入り口として、身近な草花・雑草を紹介しています。ここで取り上げている草花・雑草は、皆さんが校庭や通学途中の道ばたで出あうような植物がほとんどです。

草花・雑草について調べるためには、最初に名前を知ることが大切！　そこで図鑑の登場です。花の形や色、葉の形といったわかりやすい部分に注目して、図鑑の写真やイラストとくらべて似ている植物を探します。それらしいものを見つけたら、葉は茎にどのようについているか、葉の縁にギザギザ（鋸歯）があるかといった細かいところを少しずつチェックしていくとよいでしょう。

ある程度慣れたところで、観察ノートやよく似た草花・雑草の比較表をつくってみましょう。図鑑で探したあとにそれらを見ながら確認していくと、記憶がさらに確かになり頭に残ります。

この本をきっかけに、植物への親しみを感じ、植物の面白さをあじわっていただければと思います。そして、たくさんの植物ファンが増えることを願っています。

さあ、植物の世界をのぞいてみましょう。

山田 隆彦

季節の草花・雑草

ここでは、春・夏・秋に見られる
代表的な草花や雑草を紹介しています。

図鑑ページの楽しみ方

草花の名前
学名と科名もあわせて記しています。

開花期
その花がよく見られる時期です。

草花の説明

ここに注目！
その草花についてさらに深く知るためのコーナーです。

メモ
草花の名前の由来や豆知識などを紹介しています。

草花の情報
生えている場所や大きさなどの情報です。

花や葉などの特徴
確認するときに大切な、花や葉などの特徴を紹介しています。

くらべてみよう
似た草花、仲間の草花の写真や違いなどを紹介しています。

あそぼう！
草花を使ったいろいろな遊び方を紹介。見つけたら、ぜひやってみましょう。

よいかおりの花。でも毒草！

スイセン

Narcissus tazetta var. *chinensis*　ヒガンバナ科

分布	本州、四国、九州
生育地	海岸、花壇、校庭、道ばた
生活型	多年草
高さ	20〜40㎝

白い部分をよく見ると、内側と外側に分かれている。内側の3枚が花びらで、内花被という。外側の3枚は外花被といい、がくにあたる

花の真ん中の黄色い部分を副花冠というよ

ニホンズイセンともよばれますが、原産は地中海沿岸で、平安時代に中国を経由して日本にやって来ました。名前は中国名の「水仙」を音読みしたものです。雪が降る中でも咲くので、雪中花という別名もあります。よいかおりがする可憐な花をつけますが、毒草です。細長い葉をニラの葉、球根（鱗茎）をタマネギと間違えて食べ、中毒を起こした人がいます。花をさしておいた花びんの水も危険です。

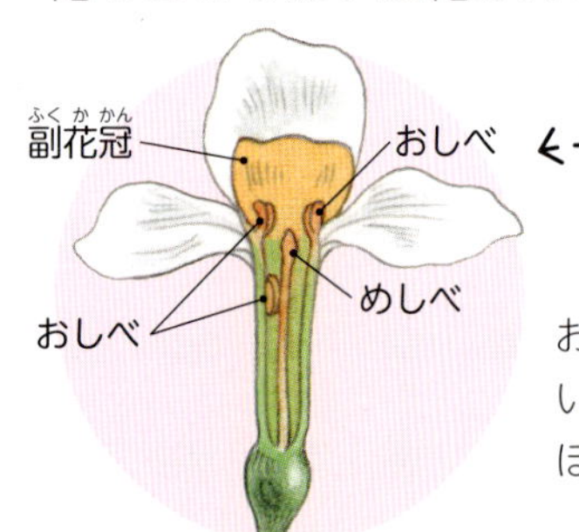

おしべは6本あり、副花冠より短い。外から見えるのは3本。下のほうにも短いおしべが3本ある

●いろいろなスイセン

スイセンにはたくさんの品種があります。種類によって、花が咲く時期が少しずつ異なります。

メモ　学名（属名）の*Narcissus*は、ギリシャ神話に登場する美少年ナルキッソスにちなみます。

春の土手を黄色に彩る

アブラナ

Brassica rapa var. *campestris*　アブラナ科

分　布	北海道、本州、四国、九州、沖縄
生育地	河川敷、校庭、畑地
生活型	越年草
高　さ	約100cm

花びらとがくは両方とも水平に開き、少し重なるように咲く

茎の上のほうにつく葉は、つけ根の部分が耳のような形をしていて茎を抱く

西アジア原産とされ、種子から油をとるため古くから栽培されています。茎の上部で枝分かれして、その先にたくさん花が集まってつきます。4枚の黄色い花びらは十字形につき、がくも黄色です。実は円柱形で、熟すとさけて小さな種子を出します。河川敷や畑地などでは、黄色に染めあげるように広がっていることもあります。よく似たカラシナと開花期が重なる時期がありますが、アブラナのほうが早く、カラシナはやや遅れて咲きます。

くらべてみよう

カラシナ　アブラナ科

河川の土手などに生えます。アブラナとそっくりですが、花びらは重ならないので、花の間からつぼみが見えます。また、がくは緑色のものが多く、約45度の角度で斜め上に立ち上がります。葉はつけ根が細くなっていて、茎を抱きません。

メモ　アブラナの仲間は「菜の花」ともよばれ、文部省唱歌の「朧月夜」の歌詞に出てきます。

開花期 3〜4月

春、まだ寒いころから咲く

オオイヌノフグリ

Veronica persica オオバコ科

分布	北海道、本州、四国、九州、沖縄
生育地	校庭、畑の縁、道ばた
生活型	越年草
高さ	10〜40㎝

葉

葉は卵形で、縁には鋸歯がある

実

2つのたまがつながってハート形に見える。熟すと割れて種子がこぼれ落ちる

春に、いち早く咲き始めます。小さい草花なので、ほかの植物が育つ前に成長して、太陽の光をしっかり浴びるためです。仲間のイヌノフグリに似ていて、より大きいことからこの名前がつけられました。花は、太陽の光が当たると開き、夕方やくもりのときは閉じます。咲くと2〜3日で閉じます。学校の植え込みなど、いろいろなところで見かけます。

花粉は昆虫で運ばれる。昆虫が来なかった花は、2本のおしべが内側に曲がって自分の花粉をめしべにつけて受粉する

くらべてみよう

イヌノフグリ オオバコ科

オオイヌノフグリより小さく、花はうすいピンク色。たまを2つくっつけたような形の実が、オス犬のふぐり（陰嚢）のように見えることからの名前です。

花

実

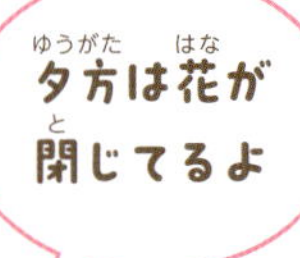

メモ かわいい花の様子からルリカラクサなどきれいな名前もつけられましたが、一般化しませんでした。

ちぎるとニラのにおい！

ハナニラ

Ipheion uniflorum　ヒガンバナ科

分布	北海道、本州、四国、九州
生育地	花壇、校庭、畑の縁、道ばた
生活型	多年草
高さ	10～20㎝

花

花びらは6枚、おしべ5本、めしべは1本。花びらの中央に、むらさき色のすじがある

花

花の裏側もすじが目立つ

南アメリカからヨーロッパ経由で、明治時代に観賞用として日本に入ってきました。庭などに植えていたものが野生化して、今では全国に広がっています。地下には白い球根（鱗茎）があり、そこから細い多肉質の葉を数枚出します。3～4月になると、数本の茎を出して、その先に白色や淡いむらさき色の花をつけます。花が終わり、種子が熟すと葉や茎は枯れ、次の春が来るまで地下で球根のまま過ごします。

らっきょうによく似た形の球根（鱗茎）。この球根でどんどん増える

くらべてみよう

タマスダレ　ヒガンバナ科

南アメリカ原産で、観賞用として花壇に植えられていたものが野生化しています。8～10月に、高さ30㎝ほどの茎を出し、白い花を1つ上向きにつけます。花の直径は約6㎝、花びらは6枚です。

メモ　葉をちぎるとニラのようなにおいがします。葉はまっすぐに立ち上がらず、地面に接するようにはいます。

開花期 3～5月中心に一年中

日本のタンポポと勢力争い中

セイヨウタンポポ

Taraxacum officinale キク科

分布	北海道、本州、四国、九州、沖縄
生育地	荒れ地、草原、校庭、道ばた
生活型	多年草
高さ	10～20㎝

葉は切れ込みがある。切れ込みの深さはいろいろ

舌状花がびっしりつく

白い冠毛のついた種子は、風にのって運ばれる

ヨーロッパ原産の帰化植物で、明治時代に渡来し野菜として栽培されていたものが野生化しました。今では日本全土に広がり、都市の荒れ地や草原などに生えています。日本産のタンポポの開花期は4～6月ですが、それにくらべて花が咲いている期間が長く9～11月にも咲きます。また、単為生殖といって、めしべに花粉がつかなくても種子ができるので、昆虫の助けがいりません。

外側の総苞片が、つぼみのときから下向きにそり返っているのが特徴。日本産のタンポポはそり返らない

くらべてみよう

カントウタンポポ キク科

関東地方とそのまわりの平地や丘陵地帯などに生えています。外側の総苞片の先にでっぱりがあります。ほかの株の花粉がつくと種子ができます。

あそぼう！

タンポポ風車

茎の両端に切り込みを入れて水につけると、切り込みを入れた部分が丸まります。竹ひごを通して息を吹きかけると回ります。

メモ 日本のタンポポにくらべて多くの実をつけ、重さも半分ほどで遠くに飛びやすく、その有利さで勢力を広げています。

タネツケバナ

Cardamine occulta　アブラナ科

分　布	北海道、本州、四国、九州、沖縄
生育地	河川敷、校庭、田のあぜ、道ばた
生活型	一年草（あるいは越年草）
高　さ	10～40㎝

花

花びらとがくは4枚、おしべは6本、めしべは1本

葉

小葉が集まって1枚の葉となっている

これで1枚の葉

実

熟すと実の皮が2つにさけて、クルクルと巻く。種子はそのときの力ではじき飛ばされる

河川敷や田のあぜなど、湿ったところで多く見かけます。葉は茎に交互につき、茎の下のほうの葉は複葉で、多くの小葉が集まって1つの葉を構成しています。上につく葉ほど小葉の数は少なくなります。茎の先にたくさんの花が集まって咲き、4枚の白い花びらが十字形につきます。実は細長く、長さ2㎝ほどです。熟した実を指で軽くはさむと、種子がはじけて飛び出します。

くらべてみよう

ミチタネツケバナ　アブラナ科

1992年に正式に名がつけられました。それより前にヨーロッパから入ってきて、今では全国の道ばたや空き地で見られるようになりました。高さは3～30㎝、タネツケバナにそっくりですが、茎につく葉は少なく、実は茎によりそうようにつきます。

メモ　苗代（苗を育てる田んぼ）用の種もみを水につけて準備をするころに、花が咲くことからついた名前です。

開花期 3〜5月

ふきのとうは、フキのつぼみ

フキ

Petasites japonicus　キク科

分布	本州、四国、九州、沖縄
生育地	草原、林縁
生活型	多年草
高さ	10〜30㎝

花

おばな

花

めばな

葉

葉は、長さと幅ともに15〜30㎝。茎は中が空洞になっている

山地の林縁や草原に生え、長い地下茎を出して増えます。早春に、花茎という花をつける茎を出します。地面に出てきたつぼみが「ふきのとう」で、山菜として天ぷらなどにします。フキは、おばなをつける株（お株）と、めばなをつける株（め株）があり、花を見るとどちらかわかります。お株の花は花粉をつくるので黄色く見え、め株の花は白く見えます。花が咲き終わると、地下茎から葉を出します。

くらべてみよう

アキタブキ　キク科

高さ1mほどになる大型のフキです。岩手県以北から北海道に分布しています。

ここに注目！

め株の花茎は、種子を遠くまで飛ばすために背が高くのびて、30㎝ほどになる

メモ　葉と、葉の茎は食べることができます。葉はつくだ煮、葉の茎はキャラブキにします。

都市でも群生が見られる

ショカツサイ

Orychophragmus violaceus アブラナ科

分布	北海道、本州、四国、九州、沖縄
生育地	校庭、道ばた、林縁
生活型	一年草または越年草
高さ	10～60㎝

開花期 3～5月

花びらは4枚。おしべとめしべは黄色

ダイコンに似た葉

中国からやって来た植物で、昭和の初めに野生化しました。線路のわきや土手などで、群生しているのが見られます。下のほうの葉はダイコンの葉と同じように切れ込みますが、茎の上のほうにつく葉は楕円形で切れ込みがありません。花びらもがくも、うすむらさき色をしています。花が美しいことから、種子を広める活動をする人もいました。実は細長い棒のような形で10㎝ほどの長さになります。

●ショカツサイと諸葛亮

若菜（写真）は、おひたしや炒めものにします。中国の三国時代に蜀という国の軍師であった諸葛亮（字は孔明）が、成長の早いこの植物を陣中で栽培させたという伝説から「諸葛菜」という名前がつきました。

メモ オオアラセイトウ、ハナダイコン、ムラサキハナナ、シキンソウなどの別名があります。

開花期 3〜6月

種子が入ったさやは真っ黒

カラスノエンドウ

Vicia sativa subsp. *nigra*　マメ科

分布	本州、四国、九州、沖縄
生育地	草原、校庭、畑の縁、道ばた
生活型	一年草または越年草
つるの長さ	20〜150㎝

草原や校庭などの日当たりのよい場所でふつうに出あえるつる植物で、春に赤むらさきの花をたくさんつけます。葉は複葉で、16〜18枚の小葉が集まって1つの葉を構成しています。先は3つに分かれた巻きひげになっています。葉のつけ根には、2つに切れ込んだ小さな葉（托葉）がついています。実は熟すと黒くなります。

メモ カラスのように黒い実が熟す様子から、この名前がつきました。ヤハズノエンドウという別名もあります。

若い葉っぱをもむとキュウリのにおい

キュウリグサ

Trigonotis peduncularis ムラサキ科

分布	北海道、本州、四国、九州
生育地	校庭、畑の縁、道ばた
生活型	越年草
高さ	15～30㎝

1本の茎に花をたくさんつける。花びらはつながっていて、のど元は黄色

冬の間は葉を地面すれすれに広げ、太陽の光を受けられるようにしている

校庭など身近な場所でよく見かける小さな草花です。葉は長い楕円形や卵形をしていて、表面にはしわがありません。花の直径は約2㎜と小さく、青みがかったうすいむらさき色をしています。この花を虫めがねなどで拡大してみると、花ののど元が黄色くなっているのがわかります。そっくりの花を持つハナイバナとの区別点です。名前は、葉をもむとかすかにキュウリのにおいがあることからつきました。

ここに注目！

キュウリグサをはじめとしたムラサキ科の仲間は、花のついた茎の先がクルリと巻いていることが多い。これをサソリ形花序（巻散状花序）という。花が咲いていくにつれて茎はのびて長くなる

くらべてみよう

ハナイバナ ムラサキ科

日本各地の畑や道ばたでふつうに見られます。葉の表面にしわがある、花の下に小さな葉（苞葉）がつく、花ののど元が白いという点でキュウリグサと区別できます。

メモ タビラコという別名があります。春の七草のひとつタビラコ（コオニタビラコ）と間違えないようにしましょう。

開花期 3～6月

ペンペングサという名前もある

ナズナ

Capsella bursa-pastoris　アブラナ科

分布	北海道、本州、四国、九州、沖縄
生育地	校庭、畑の縁、道ばた
生活型	一年草または越年草
高さ	10～50㎝

茎の先にたくさんの花をつける

茎の上のほうにつく葉は切れ込みがない

春から秋にかけてとぎれることなく芽を出します。これは何かあったときに生き残れるよう、いっせいに芽を出さないようにして危険を分散しているのです。畑に生えるものと道ばたに生えるものとでは姿が違うので、観察してみてください。畑に生えるものは越年草が多く、根元の葉が地面に張りつくように広がっています（ロゼット）。道ばたのものの多くは一年草で、根元に葉がありません。

あそぼう！ ナズナの音あそび

実がたくさんついた茎を取って、実の枝が切れないようにそっと茎からはがします。それを耳もとでふると、実と実がぶつかってシャラシャラという音が聞こえます。

小さな実が三味線のバチに似ているので、三味線が鳴る音にたとえてペンペングサの別名がある。中に小さな種子がぎっしり詰まっている

メモ 春の七草のひとつで、お正月の７日に七草がゆに入れて食べる習慣があります。

白っぽくてやわらかそうな姿

ハハコグサ

Pseudognaphalium affine　キク科

分布	北海道、本州、四国、九州、沖縄
生育地	校庭、畑の縁、道ばた
生活型	一年草または越年草
高さ	15～40㎝

葉の表や裏、茎はやわらかい毛でおおわれている

茎や葉など、株全体に綿のような毛がびっしりついているので、白っぽく見えます。葉は先のほうが少し広くなっていて、先端は丸く柄はありません。茎の先に黄色い花（頭花）が数十個集まって咲きます。この花を虫めがねなどで見ると、さらにたくさんの花が集まっていることがわかります。春の七草のひとつで、「御形」と書いてゴギョウあるいはオギョウとよばれます。

それぞれの頭花には、たくさんの筒状花が集まっている。頭花の真ん中には少し大きい両性花（めしべとおしべがある）、まわりは雌性花（めしべだけ）があり、両方とも実をつける

春の七草

平安時代に詠まれた歌に、「せりなづ（ず）な　御形はこべら　仏の座　すずなすずしろ　これぞ七草」とあります。御形はハハコグサ、はこべらはハコベ、すずなはカブ、すずしろはダイコンのこと。仏の座は26ページで紹介しているホトケノザではなく、キク科のコオニタビラコのことです。

メモ　昔は、草もちの材料にしましたが、今はヨモギ（P.91）を使います。

丸い葉を仏様の台座に見立てた

ホトケノザ

Lamium amplexicaule　シソ科

分　布	北海道、本州、四国、九州、沖縄
生育地	校庭、畑の縁、道ばた
生活型	越年草
高　さ	10～30㎝

花

広がった部分は昆虫の着地場所。おしべとめしべは上側のフードのような部分に隠れていて、昆虫がもぐり込むと背中に花粉がつく

葉

丸みをおびた鋸歯がある

春になると、校庭や道ばたなど、あちらこちらで出あえます。葉は扇のような形で、茎の下のほうの葉には長い柄がありますが、上側の葉には柄がありません。茎の上のほうの葉のわきに花をつけます。花には2種類あり、ふつうに開花する花には赤く目立つ斑点があります。これを蜜標といい、昆虫に蜜のありかを示すガイドの役割をしています。もうひとつは濃いピンク色の小さな丸い花で、閉鎖花といいます。

実は4つに分かれる。種子にはアリの好きなもの（エライオソーム）がついていて、それを目当てにやって来たアリによって種子があちらこちらに運ばれる

ここに注目！

赤い坊主頭のように見えるのは、つぼみではなく閉鎖花。このまま花を開かず、中でおしべとめしべがくっつき、自分の花粉で実をつける

メモ　花の下側にある茎を取り囲んだように見える葉を、仏様の台座（蓮台）に見立てて、この名前がつきました。

花の後ろ側に蜜がたまる

スミレ

Viola mandshurica　スミレ科

分　布	北海道、本州、四国、九州
生育地	丘陵地、耕作地、校庭、道ばた
生活型	多年草
高　さ	6～20㎝

開花期　3～6月

花　花は直径約2㎝で濃いむらさき色。白い部分は、昆虫に蜜のありかを教える蜜標

実

葉　濃い緑色で細長い楕円形

日当たりがよい場所が好きな植物で、道ばたや耕作地、校庭などに生えています。花の内側を見ると、5枚ある花びらのうち、横側の2枚の花びらのつけ根に毛が生えています。花の後ろに距とよばれる天狗の鼻のように突き出たところがあり、ここに蜜がたまります。蜜を吸いにやって来たビロードツリアブやマルハナバチなどの体に花粉がつき、ほかの花まで運ばれていきます。

初夏になると、鳥のくちばしのような形をした閉鎖花をつけ、自分の花粉で実をつける

くらべてみよう

タチツボスミレ　スミレ科

スミレの仲間の中で最もポピュラーです。北海道から沖縄のあたりまで広く分布しています。うすいむらさき色の花がたくさん咲いた様子は豪華です。

メモ　日本には60種のスミレがあります。花の色などでこまかく分けると200種を超えます。

開花期 3〜9月

小さな白い花が秋まで咲いている

コハコベ

Stellaria media　ナデシコ科

分　布	北海道、本州、四国、九州、沖縄
生育地	校庭、山野、畑の縁、道ばた
生活型	一年草または越年草
高　さ	10〜20㎝

おしべはふつう2〜5本、めしべの先は3つに分かれている

種子はやや平べったくて丸く、こまかい突起がある

むらさきがかった茶色の茎を虫めがねなどで拡大してみると、1列に毛が生えているのがわかります。これは、雨の少ない冬に、水滴を根元に運ぶ役目をしているといわれます。葉は卵形で先がとがっています。花は小さく白色です。花びらは5枚で、根元まで切れ込んでいるので10枚あるように見えます。校庭はもちろん日本全国で見られ、世界全体にも広く分布しています。

くらべてみよう

ミドリハコベ、イヌコハコベ、ウシハコベ　ナデシコ科

ミドリハコベ（左）は、少し大型で茎の色が緑色、葉が大きくおしべの数が4〜10本と多いのが特徴です。イヌコハコベ（中央）は、ヨーロッパから侵入してきた小型のハコベで、がくにこげ茶色のしみがあり、花びらがありません。ウシハコベ（右）はずっと大型で、めしべの先がふつう5つに分かれます。

メモ 花は終わると下を向き、実が熟すとふたたび上を向きます。

開花期　4～5月

葉のかげで、花が踊っている

ヒメオドリコソウ

Lamium purpureum　シソ科

分　布	北海道、本州、四国、九州、沖縄
生育地	校庭、畑の縁、道ばた
生活型	越年草
高　さ	10～20㎝

花　花の長さは約1㎝。下側の花びらにある赤い模様は蜜標といい、昆虫に蜜のありかを示す

葉　葉は赤くそまることが多い

実　実は4つに分かれる

ヨーロッパ原産で、明治時代に日本にやって来ました。最初に見つかったのは東京で、全国に広がっていきました。卵形の葉は、縮れていてこまかいしわが多く、縁に鋸歯があります。枝先の葉は赤くそまるものが多く、目立ちます。花はうすい赤むらさき色で、虫めがねなどで中をのぞいてみると、おしべが4本あり、そのうち2本が長く残りの2本は短いことがわかります。

くらべてみよう

シロバナヒメオドリコソウ　シソ科

ときどき、白い花をつけるシロバナヒメオドリコソウが見られます。

メモ　花の姿が、笠をかぶって踊る人に似ていることからこの名前があります。「ヒメ」は小さいことを意味します。

開花期 4～5月

知ったら怖い受粉のしくみ

ミミガタテンナンショウ

Arisaema limbatum サトイモ科

分布	本州
生育地	やや湿った林内
生活型	多年草
高さ	30～70㎝

花

ミミガタテンナンショウのおばな。花は葉が広がる前に開く

実

初めは緑色で赤く熟す。毒があるので食べてはいけない

おばなをつける株（お株）と、めばなをつける株（め株）があります。葉は2枚あり、複葉で鳥の足のように小葉が広がります。真ん中の脈に沿って白いまだらが入ることがあります。花を包んでいる部分は、仏像の後ろにある炎の形をした飾りに似ていることから仏炎苞とよばれます。花は人間には感じないにおいを出しておもにキノコバエをさそい、花粉を運んでもらいます。

ここに注目！

出口がある

おばな

めばな

出口がない

おばなに入った昆虫は花粉まみれになって外に出ることができる。めばなに入った昆虫は、出口を探している間に体についている花粉をめしべにつけたあと、外に出られず死んでしまう

くらべてみよう

ムサシアブミ サトイモ科

関東地方から沖縄のあたりまで分布しています。仏炎苞が、昔、武蔵の国でつくられていたあぶみ（馬にのったときに足をのせるための馬具）に似ていることから、この名前がつきました。

メモ 栄養がある場所ではめ株、栄養の少ないやせた場所ではお株になります。

星のような花はピンク色

アメリカフウロ

Geranium carolinianum　フウロソウ科

分　布	北海道、本州、四国、九州、沖縄
生育地	荒れ地、校庭、道ばた
生活型	一年草または越年草
高　さ	10～40㎝

花びらは5枚。おしべは10本、めしべは1本で先が5つに分かれている

深く切れ込んだ葉。縁がむらさき色をおびることもある

実

実は先端が鳥のくちばしのようにとがっている。熟すと5つにさけ、そのいきおいで種子をはじき飛ばす

昭和時代の初めに、北アメリカからやって来た帰化植物です。枝分かれして広がるようにのび、冬を越す株は秋にはロゼット状になります。葉は手のひらのようにほとんど元のほうまで5つに切れ込んでいて、茎や葉の柄には毛がびっしり生えています。花は白色かうすいピンク色で、葉のわきに2～8個つきます。虫めがねなどで花を拡大してみると、がくの先が角のようにのびているのがわかります。

メモ　京都で初めて見つかりましたが、今では日本各地で見られます。

くらべてみよう

ゲンノショウコ　フウロソウ科

多年草で山野に生え、7～10月に花が咲きます。花は白色（東日本に多い）または赤色（西日本に多い）で、茎の先に2個つきます。葉は3～5つに切れ込みます。胃腸病の薬になります。

葉っぱをピーピー鳴らしてみよう

スズメノテッポウ

Alopecurus aequalis var. *amurensis*　イネ科

分布	北海道、本州、四国、九州、沖縄
生育地	畑の縁、道ばた
生活型	一年草または越年草
高さ	20～40㎝

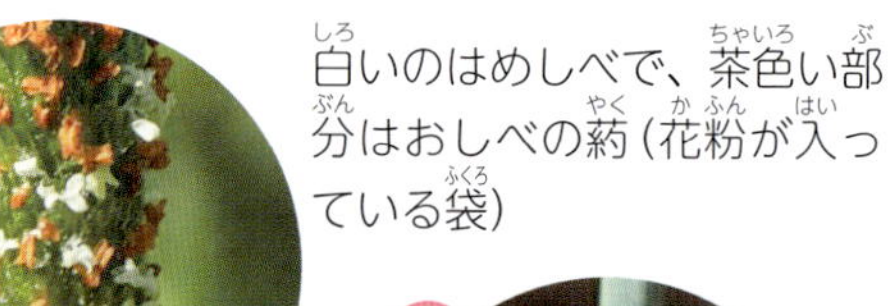

花　白いのはめしべで、茶色い部分はおしべの葯（花粉が入っている袋）

葉　葉のつけ根にうすい膜がある

くらべてみよう

セトガヤ　イネ科

花序は黄緑色でスズメノテッポウよりやや太く、葯はうすい黄緑色です。芒とよばれるひげのような部分が、スズメノテッポウにくらべて長いのが特徴です。

さわると意外とやわらかく、葉は粉がついたような白っぽい緑色で花序は円柱形です。水田などの湿った場所に生える水田型（スズメノテッポウ）と畑地に生える畑地型（ノハラスズメノテッポウ）の2つのタイプがあります。水田型は種子が大きく、自分の花粉で増えることができ、日本ではこのタイプが多く見られます。畑地型は種子が小さく、ほかの株の花粉で受粉して増えます。

あそぼう！　音を鳴らしてあそぼう

花序を抜いて、葉を下に折り曲げて吹くとピーピーと鳴ります。そこからピーピーグサともよばれます。

メモ　名前は、花のついた細い花序の様子を鉄砲に見立てて、スズメが使う小さな鉄砲という意味でつけられました。

空き地に広がるオレンジ色の花

ナガミヒナゲシ

Papaver dubium　ケシ科

分布	北海道、本州、四国、九州、沖縄
生育地	空き地、校庭、道ばた
生活型	一年草または越年草
高さ	10～60㎝

実は円筒形。熟すとうす茶色になり、先端の円盤の下にできたすき間からこまかい種子がこぼれ落ちる

おしべは多数。めしべは1個で、放射状にのびて見えるのが柱頭

葉は鳥の羽のような形に切れ込む

地中海沿岸地方からやって来た帰化植物です。花びらはオレンジ色で4枚、おしべがたくさんあります。めしべは1個で花柱はなく、円筒形をしていて、上側の円盤にある放射状のすじは、花粉を受ける柱頭です。この形はケシの仲間の特徴です。がくは2枚ありますが、花が開くと同時に散り落ちます。ケシの仲間ですが、麻薬成分は含んでいません。

くらべてみよう

ヒナゲシ　ケシ科

ヨーロッパ中部が原産地で、日本では園芸的に植えられています。高さ70～80㎝で、赤い花を咲かせます。花の色ですぐに見分けられます。

メモ　ケシの仲間には、あへん法で栽培が禁止されているものがあります。栽培すると厳しく罰せられます。

開花期 4〜6月

野菜のニラによく似ている

ハタケニラ

Nothoscordum gracile　ヒガンバナ科

分布	本州、四国
生育地	校庭、畑の縁、道ばた
生活型	多年草
高さ	30〜50㎝

直径1.5㎝ほどの白色で淡いピンク色のすじが入っている。花びらは6枚

北アメリカからやって来ました。観賞用として栽培されていたものが畑の周辺や道ばたにも生えるようになり、野生化して本州、四国に広がっています。葉は細長く、長い茎をのばした先に白い花を8〜30個つけます。種子や地下に小さな球根（鱗茎）をつくって増えます。野菜のニラによく似ていますが食用になりません。また、ハタケニラは春に咲きますが、ニラは夏から秋にかけて咲きます。

くらべてみよう

ニラ　ヒガンバナ科

ニラは、独特のにおいがある多年草です。開花期は8〜10月、花びらは横に広がり皿のような姿です。一方、ハタケニラの開花期は4〜6月で、花はつぼのような形をしています。

メモ　ニラに似ていて畑に生えるのでこの名がつきました。

食べられるがおいしくない

ヘビイチゴ

Potentilla hebiichigo バラ科

分　布	北海道、本州、四国、九州、沖縄
生育地	草原、公園、道ばた
生活型	多年草
高　さ	5～10㎝

開花期 4～6月

花

花は朝に開いて、夜には閉じる

葉

イチゴの葉に似ているが、ずっと小さい

地面をはうように茎をのばして広がります。青みがかった色の葉は茎に交互につきます。葉は複葉で、3枚の小葉で1つの葉を構成しています。葉のわきからのばした茎の先に、黄色い花を1個つけます。赤く熟したつぶつぶがそれぞれ1個の実で、それが集まってイチゴの形をしています。名前は、中国名の「蛇苺」を日本語読みしたもので、ヘビが食べると考えたのでしょう。

ここに注目！

カラスが食べるとはおどろき。カラスがくわえているのはヤブヘビイチゴ

くらべてみよう

ヤブヘビイチゴ バラ科

そっくりなものにヤブヘビイチゴがあります。林の縁の日かげに生え、葉はヘビイチゴより濃い緑色で全体に大きく、実は光沢がありピカピカしています。

メモ 実のついた茎を切ってもほとんどしおれません。実の水分で当分の間生活できます。

開花期 4～6月

ほかの植物に寄生して育つ

ヤセウツボ

Orobanche minor　ハマウツボ科

分布	本州、四国、九州
生育地	草原
生活型	一年草
高さ	15～40cm

花は黄色。花びらの縁は切れ込んでいる

ヨーロッパ・アフリカ北部原産で、世界各地に帰化し、日本でも急速に広がっています。葉緑素を持たず、マメ科のシロツメクサやアカツメクサに寄生して育ちます。まれにマメ科以外の植物にも寄生します。茎は茶色または黄色をおびた茶色をしていて、ベトベトする腺毛という毛が生えていて、茎とほぼ同じ色をした小さなうろこ状の葉がついています。茎の先にうすい黄色の花をつけます。

くらべてみよう

ハマウツボ　ハマウツボ科

一年草で、花はうすいむらさき色。ヨモギの仲間に寄生し海岸や河原に生えます。絶滅の危機が迫っています。

メモ　外来生物法で要注意外来生物に指定され、注視されています。

里山に春の訪れを知らせる

レンゲソウ

Astragalus sinicus　マメ科

分　布	本州、四国、九州
生育地	草原、田畑、土手、農閑期の水田
生活型	越年草
高　さ	10～30㎝

花　上から見ると花が輪状についている様子がわかる

葉　小葉が9～11枚集まって1枚の葉となる。小葉は卵形または円形

レンゲまたはゲンゲともいい、草原、田畑、土手、道ばたなどに生えます。中国からやって来ました。根に根粒菌とよばれる菌の一種が共生していて、この菌のはたらきで、空気中の窒素を肥料として使えるようにします。茎の先に、赤みのあるむらさき色の花が7～10個まとまってつきます。実は熟すと黒くなり、先端がとがってくちばしのような形になります。

実　さやは熟すと黒くなる

ここに注目！

レンゲソウは、ミツバチが蜜を集めるための植物のひとつ。このような植物を蜜源植物といい、ほかにシロツメクサやニセアカシア、リンゴなど、たくさんある

メモ　わらべ歌の「ひらいたひらいた れんげの花がひらいた」のれんげは、レンゲソウでなくてハス(P.60)の花のことです。

土手などで春を彩る風物詩

スイバ

Rumex acetosa　タデ科

分布	北海道、本州、四国、九州、沖縄
生育地	河川敷の土手、草原、校庭
生活型	多年草
高さ	30〜100㎝

うちわの形をしたものの中に実がある

あぜ道や土手などに多く見られます。茎はまっすぐのび、茎や葉には蓚酸を含み、かむと酸っぱく感じます。葉身の基部が矢じり形になっているのが特徴です。花びらはなく、がくが6枚あります。おばなをつける株（お株）とめばなをつける株（め株）があります。おばなは黄色く見え、めばなはめしべが赤いので、花全体が赤く見えます。風によって花粉が運ばれます。これを風媒花といいます。

くらべてみよう

ヒメスイバ　タデ科

ヨーロッパ原産の帰化植物で、日本各地で見られます。葉には耳部とよばれる両側が耳のように張り出している部分があります。

メモ 「酸っぱい葉」なので、スイバという名前がつきました。蓚酸を含んでいるのでたくさん食べると中毒を起こします。

ノゲシ

Sonchus oleraceus　キク科

分布	北海道、本州、四国、九州、沖縄
生育地	校庭、畑の縁、道ばた
生活型	越年草
高さ	50～100㎝

開花期 4～7月

花

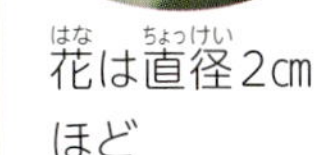

花は直径2㎝ほど

実

実には、白い冠毛がついている

葉

茎の下のほうの葉には、たくさんの切れ込みがある

ここに注目！

茎の上のほうの葉は根元が三角形に長くのび、茎を抱く

別名をハルノノゲシといい、古くに中国から帰化したと考えられています。アザミに似ていますが、やわらかい葉にはとげがなく、茎は太く中は空洞です。茎の下のほうにつく葉は長い柄がありますが、上のほうの葉には柄がありません。上の葉の根元は深く切れ込んで、左右に細い三角形に長くのび、茎を抱いています。黄色い花（頭花）をたくさんつけます。開花期は4～7月ですが、年中咲くものもあります。

くらべてみよう

オニノゲシ　キク科

葉はノゲシより緑色が濃く、光沢があり、縁にはさわると痛いとげがあります。葉の根元が丸くなっていることも、ノゲシとの区別点です。

メモ　ケシの仲間ではありませんが、茎や葉を切ると白い液が出ることがケシに似ているのでこの名前がつきました。

開花期 4〜7（10）月

ハハコグサとは花の色が違う

チチコグサ

Euchiton japonicus キク科

分布	北海道、本州、四国、九州、沖縄
生育地	草原、校庭、芝生
生活型	多年草
高さ	5〜20cm

後ろの黄色い花がハハコグサ、茶色い花はチチコグサ

ロゼットで冬を越す

花

花のすぐ下には、短い葉が放射状に出る

葉

葉は細長く、先端がとがっている

人家の近くや草原、校庭、道ばたなどに生え、よく見かける多年草です。地面をはうように茎をのばして、その先に子株をつけて増えます。葉は茎に交互につきます。葉の表側はにごった緑色ですが、裏側は白く毛が密生しています。春から秋にかけて茎をのばし、先に赤みがかった茶色の花（頭花）がたくさん集まってつきます。実には白い冠毛があります。

ここに注目！

葉の裏には、毛がいっぱい生え白く見える

くらべてみよう

ウラジロチチコグサ キク科

南アメリカ原産の帰化植物で、一年草または越年草です。葉の幅が広く、裏が真っ白なので、簡単にチチコグサと区別できます。

メモ 姿がハハコグサに似ているので、ハハコグサに対して名づけられました。

夏にかけて長く咲き続ける

ハルジオン

Erigeron philadelphicus　キク科

分　布	北海道、本州、四国、九州、沖縄
生育地	空き地、校庭、畑の縁、道ばた
生活型	多年草または一年草・越年草
高　さ	30～100㎝

開花期　4～8月

北アメリカ原産の帰化植物で、大正時代に観賞用として日本に入ってきました。第二次世界大戦後、日本全国に爆発的に広がりました。茎の中は空洞で、葉の根元は茎を抱いています。根元につく葉（根出葉）は、花が咲いているときにも残っています。また、若い茎の先端やつぼみなどはうなだれるように下を向き、花の縁を囲む舌状花は白色やうすいピンク色をしています。

花

舌状花の花びらは細い。真ん中の筒状花は黄色

身近に見られる春の花だよ

花

つぼみは下を向いている

ここに注目！

茎の中はパイプのように空洞になっている。葉のつけ根は耳のような形で、茎を抱くようにつく。ヒメジョオン（P.54）との区別点

いろいろな昆虫が訪れる

ハルジオンの蜜や花粉を求めて、ミツバチやチョウ、ハナムグリなどいろいろな昆虫がやって来ます。どんな昆虫が訪れるのか観察してみましょう。

メモ　花粉がなくても実をつくります。これを単為生殖といい、繁殖力が高い植物です。

天気や時間で葉が閉じたり開いたり

カタバミ

Oxalis corniculata　カタバミ科

分布	北海道、本州、四国、九州、沖縄
生育地	校庭、畑の縁、道ばた
生活型	一年草または多年草
茎の長さ	10～30㎝

花

小さなチョウも蜜を吸いにやって来る

実

実は長さ1.5㎝ほど。熟すとはじけて種子が飛ばされる

茎は根元から何本も出て地面をはい、節から葉を出します。葉は複葉で、ハート形をした3枚の小葉で1枚の葉が構成されています。まっすぐ上にのびた茎に黄色い花を2～8個つけます。花は、朝に開いて、午後には閉じます。雨の日やうす暗い日は閉じたままです。実は細長く先がとがっていて、さわると種子が飛び出します。また、一緒にネバネバしたものが飛び出し、くつなどについて遠くに運ばれます。

開いている様子　　閉じている様子

ここに注目！

日光が強いときや、夜の間は葉を閉じる。これを睡眠運動という

くらべてみよう

オッタチカタバミ　カタバミ科

北アメリカ原産の帰化植物で、カタバミにそっくりですが、茎がより太く直立し、葉は茎の2～3か所に集まってつくのが特徴です。

メモ　葉が閉じると、葉の半分が欠けて見えることから「片喰」という名がつきました。

クローバーという名前もある

シロツメクサ

Trifolium repens　マメ科

分布	北海道、本州、四国、九州、沖縄
生育地	荒れ地、草原、校庭、道ばた
生活型	多年草
高さ	8〜30㎝

咲き終わった花は、たれ下がる

花が終わり、実になったものはたれ下がる

小葉は3枚。まれに4枚のものが見つかるが、成長の初めに傷ついたか突然変異によるものと考えられている

ヨーロッパ・北アフリカ・西アジア原産の帰化植物で、草原や校庭、道ばたなど、どこででも見られるポピュラーな植物です。茎は地面をはい、葉と花序は立ち上がります。小葉は3枚で、まれに4枚のものが見つかります。小葉は卵形で、表面には斑紋があるものが多く、縁にこまかい鋸歯があります。小さな白い花を30〜80個ほどまとまってつけます。

ここに注目！

根には根粒とよばれるコブがついている。根粒菌とよばれる菌の一種が共生していて、空気中の窒素を肥料として利用できるようにしている

あそぼう！

シロツメクサの花かんむり

1〜2本の茎に1本ずつ柄をからめながら編んでつくります。

メモ　江戸時代、オランダ国王から将軍家に贈られた器の詰め物に使われたことから、「詰め草」の名前がつきました。

ひものような葉がたくさんのびる

ノビル

Allium macrostemon ヒガンバナ科

分布	北海道、本州、四国、九州、沖縄
生育地	草原、校庭、道ばた
生活型	多年草
高さ	40〜60㎝

花

むらさき色のすじが目立つ

葉

長さは20〜30㎝。ネギの葉に似ているがずっと細い

おしべとめしべは長いから目立つね

地下には球根（鱗茎）があり、この部分が分かれて増えます。根元から、ネギに似た細長い葉が数本出ます。葉の断面は三日月形をしていて、中は空洞です。初夏に、葉とは別にのびた長い茎の先に、白色か少しピンク色の混じった花をつけます。つぼみは先がとがり三角帽子のようです。花と一緒にむかごといわれる丸い芽をたくさんつけます。

ここに注目！

黒っぽい丸いものがむかご。地面にポロポロ落ちて芽を出して育つ。右は花序についたまま芽が出ている様子

球根（鱗茎）は山菜

地下の球根（鱗茎）は、らっきょうに似ています。この部分は山菜として食べられます。ただ、ノビルと似ている有毒植物のスイセン（P.14）と間違えないように注意しましょう。

メモ 名前は「野に生えるヒル（蒜）」という意味です。この場合のヒルは、ネギやニンニク類の総称です。

小穂の形が小判にそっくり

コバンソウ

Briza maxima　イネ科

分布	本州、四国、九州
生育地	荒れ地、草原、校庭、道ばた
生活型	一年草
高さ	30〜60㎝

開花期　5〜7月

花

小さな花（小花）が集まった小穂は小判の形に似ている

小花

この部分が小穂

実

実は熟すと黄色みをおびた茶色になる

ヨーロッパ原産の帰化植物で、観賞用として明治時代に日本にやって来ました。それが野生化して、荒れ地や草原、道ばたなどに生えるようになり、本州、四国、九州で見られます。花序にぶら下がった小穂の形が江戸時代に使われた小判に似ているのでコバンソウの名前があります。特徴的なこの形から、簡単にほかのイネ科植物と区別がつきます。

くらべてみよう

ヒメコバンソウ　イネ科

姿はコバンソウに似ていますが、ずっと小型で、4㎜ほどの小さな三角形の小穂をたくさんつけます。コバンソウの花序の先はたれ下がっていますが、ヒメコバンソウの花序は直立します。

メモ　観賞用にも栽培されているほか、ドライフラワーにも利用されます。

開花期 5～8月

春から咲くアザミはノアザミだけ

ノアザミ

Cirsium japonicum　キク科

分布	本州、四国、九州
生育地	草原
生活型	多年草
高さ	50～100㎝

実

実が風で飛び出すところ

茎

茎には毛が密生する

葉

地面に張りつくように葉を広げて（ロゼット）冬を越す

ここに注目！

総苞片はぴったりとくっついて、そり返らない。さわるとベトベトしている

人里や高い山の草原によく見られるアザミです。春から咲くアザミは、このノアザミだけです。茎はまっすぐにのびて、先のほうで枝分かれします。花が咲いているときにも根元にある葉（根出葉）は残っていますが、ノハラアザミ（P.72）のようにはっきりしたものではありません。花は枝の先に1個だけつきます。茎や葉にはとげがあるので、観察するときには注意しましょう。

●花に来る昆虫

蜜を求めて、いろいろなチョウやハチの仲間がノアザミの花を訪れます。

メモ ノアザミの花に昆虫がふれると、その刺激でしばらくすると花粉がおしべの筒の先から出てきます。

コラム 1

シダ植物について

スギナとツクシ

スギナはシダ植物の仲間で、種子ではなく胞子で増えます。スギナとツクシは地面の下でつながっています。ツクシは、スギナの胞子を出すための茎で胞子茎といい、花に相当する器官です。春になると、まずツクシがのびて胞子を飛ばします。その後、スギナとよばれる緑色の部分をのばして栄養分をつくります。この葉にあたる器官を栄養茎といいます。スギナとツクシは、それぞれ役割分担をしているのです。

分　布	北海道・本州・四国・九州
生育地	校庭、山野、土手、道ばた
生活型	夏緑性
高　さ	10～40㎝

春になり暖かく乾燥してくると、ツクシのてっぺんにある胞子嚢が開き、緑色の粉のような胞子がたくさん出て、風に飛ばされて広がっていく

身近で見られるシダの仲間

ゼンマイ　ゼンマイ科

平地から山地の林下に生えます。名前は渦状に巻く若芽の形が古銭（昔使われていた貨幣）に似ていることからで、時計のぜんまいはこの植物の形から名づけられたといわれています。

ワラビ　コバノイシカグマ科

山野の日当たりのよいところにふつうに見られる春の代表的な山菜です。膀胱癌の原因になるので、アク抜きをしてから食べます。ゼンマイは胞子をつける葉を別に出しますが、ワラビの胞子は葉の縁につきます。

開花期 4〜9月

踏まれながら大はんしょく!?

オオバコ

Plantago asiatica　オオバコ科

分布	北海道、本州、四国、九州、沖縄
生育地	校庭、畑の縁、道ばた
生活型	多年草
高さ	10〜40㎝

花は下から順番に咲く。先にめしべが出て、めしべがしおれるとおしべをのばす。これは自分の花粉を受粉しないようにするため

葉は卵形。いくつも見える筋は、水や栄養の通り道

校庭や道ばたなど、日当たりがよい場所が好きな植物です。葉はじょうぶで、踏みつけられてもなかなかちぎれません。葉は根元からたくさん出て、地面に張りつくように広がります。根は四方八方に広がっていて横方向からの力にも負けません。花粉は風に運ばれて受粉します。種子の皮は水を吸うとベタベタして、靴の裏や車輪などについて運ばれ分布を広げます。

くらべてみよう

ヘラオオバコ　オオバコ科

ヒョロリとしたオオバコの仲間。オオバコより大きく育ちます。葉は細長くて、ねんど工作のときに使うヘラのような形をしています。

実は卵形で熟すと帽子のようになった上半分がはずれ、中にある4〜6個の種子がこぼれ落ちる

あそぼう！

オオバコずもう

2本の茎を交差させて持ち、ひっぱり合います。茎が切れなかったほうが勝ち！

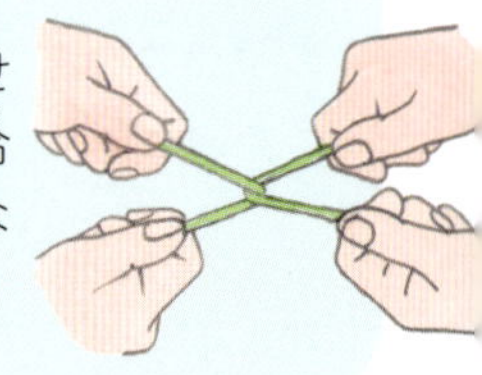

メモ　くつの裏や車輪にくっついて運ばれた種子は、道ばたで育ちます。その様子から、中国では車前草とよばれます。

一度聞いたら忘れられない名

ペラペラヨメナ

Erigeron karvinskianus　キク科

分　布	本州、四国、九州、沖縄
生育地	石垣のすき間、川沿いの崖、校庭、道ばた
生活型	多年草
高　さ	20～40㎝

開花期 4～10月

葉の先はとがっている。茎の上の葉は3～5つにさけ、鋸歯はなく両面に毛がある

実には、長い毛と短い毛が混ざってついている

印象的な名前は、ヨメナに花が似ていて葉がヨメナよりうすいことからつけられました。中央アメリカから日本にやって来ました。第二次世界大戦後、観賞用だったものが石垣のすき間や川の土手のコンクリートの割れ目などにも生えるようになりました。今も鉢や花壇に植えられています。茎は根元から枝分かれして、はうように横に広がり、のばした茎の先に花を1個つけます。

花の直径は15～20㎜。花の縁に並ぶ舌状花は、咲き始めは白色で時間がたつと赤色に変化する

くらべてみよう

ヨメナ、カントウヨメナ　キク科

夏から秋にかけて咲く野菊の仲間で、ヨメナ（上）は中部地方より西の地域に、カントウヨメナ（下）は関東から北の地域に分布します。ヨメナはカントウヨメナより少し大きな花をつけます。

メモ　今では、アメリカやユーラシア大陸、日本に広く帰化しています。

さわるとちょっとくさい

ドクダミ

Houttuynia cordata ドクダミ科

分布	本州、四国、九州、沖縄
生育地	校庭、道ばた、林縁
生活型	多年草
高さ	30〜50㎝

おしべ3本と、先が3つにさけためしべが1本ある

葉はハート形で、先がとがっている

日かげに生える多年草です。白い地下茎が、枝分かれしてのびて増えます。茎は黒みをおびたむらさき色、葉はハート形で、草全体にドクダミ特有のにおいがあります。花は初夏に咲き、茎の上のほうに花序を出し、そのまわりにおしべとめしべだけの小さな花をたくさんつけます。花序の下に、4枚の白い花びらのようなものが十字形についていますが、これは総苞片といって花びらではありません。

●ドクダミの陰干し

ドクダミを陰干ししている様子。花が咲く前に採って乾燥させたものを十薬といい、高血圧や動脈硬化などの予防薬になります。

●いろいろなドクダミ

総苞がいくつも重なったものをヤエドクダミ（上）、葉に斑の入ったものをフイリドクダミ（下）といいます。

 メモ 地下茎でも増えるので、どんどん広がり群生します。

らせん状にねじれて花をつける

ネジバナ

Spiranthes sinensis subsp. *australis*　ラン科

分　布	北海道、本州、四国、九州、沖縄
生育地	草原、校庭、芝地
生活型	多年草
高　さ	10〜40㎝

上から見て左巻き

上から見て右巻き

上から見て時計回りに巻いている場合は右巻き、反対に巻いている場合が左巻き

下側の大きく白っぽい部分を唇弁という

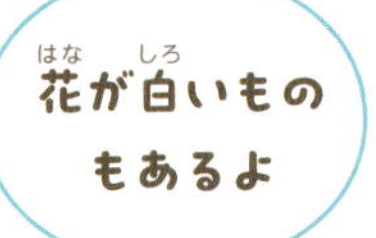

花が白いものはシロバナモジズリという

実の中には、両端に翼のついた小さな種子が入っている

ランの仲間で、日当たりのよい草原などに生えます。太い根が数本あり、根元には細長い根出葉が、茎には鱗片葉とよばれる小さな葉が少しだけあります。花はピンク色で、らせん状にねじれて並んでつきます。ねじれる方向は右巻きと左巻きがあり、生えている場所にもよりますが、その数はほぼ同じです。

花粉塊

つまようじなどで花粉をつっつくと、花粉塊とよばれるねばりけのある花粉のかたまりがついてくる。これを昆虫にくっつけて運んでもらう。

メモ　種子はとても小さく、発芽に必要な栄養分を持っていません。ラン菌とよばれる菌の仲間に頼って芽を出します。

開花期 6〜7月

提灯をぶら下げたような花

ホタルブクロ

Campanula punctata var. *punctata*　キキョウ科

分布	北海道、本州、四国、九州
生育地	丘陵、山野
生活型	多年草
高さ	15〜100㎝

丘陵や山の林の縁などに生える多年草です。根元にある葉（根出葉）には長い柄があり、葉は卵形で、縁には不ぞろいの鋸歯があります。この葉は花が咲くころには枯れてありません。茎につく葉は三角形で交互につきます。花は白色や赤むらさき色で、内側に濃い色の斑点があります。花のつけ根にある5枚のがくの間に、上向きにそり返る部分があります。

めしべ
おしべ
3つにさけためしべ

おしべは5本。花が開くとすぐに花粉を出す。おしべがしおれると、めしべの先が3つにさけて、ほかの株の花粉を受け入れる

ここに注目！

葉の形は、個体によって少しずつ違う。形の違いをくらべてみよう

くらべてみよう

ヤマホタルブクロ　キキョウ科

東北地方南部〜近畿地方東部の山地に見られます。姿はホタルブクロとそっくりですが、がくとがくの間にそり返る部分がないのが特徴です。ほとんどの花が赤むらさき色で、種子に翼があることも区別点です。

ヤマホタルブクロ

ホタルブクロ

メモ 花の中にホタルを入れて遊んだことから、蛍袋の名がついたといわれています。

ヤブカラシ

Causonis japonica　ブドウ科

分布	北海道、本州、四国、九州、沖縄
生育地	校庭、畑の縁、やぶ、林縁
生活型	多年草
つるの長さ	100～300㎝

5枚の小葉からなっていて、先端の小葉が大きい

実は黒く熟す。東日本では、実をつけない系統のものがほとんど

あちらこちらでよく見かけるつる植物です。葉は複葉で、3～5枚の小葉が集まって1つの葉を構成しています。葉は茎に交互につき、葉と向かいあったところにまきひげがつきます。花は、緑色の花びらとおしべ4本、めしべ1本で構成されます。がくは小型で、オレンジ色の部分は花盤とよばれ、ここにたまった蜜を求めてハチなどの小さな昆虫がやって来ます。

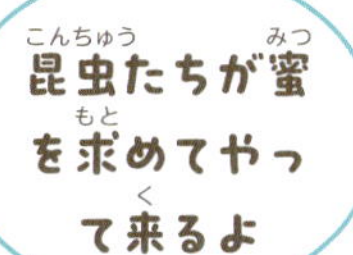

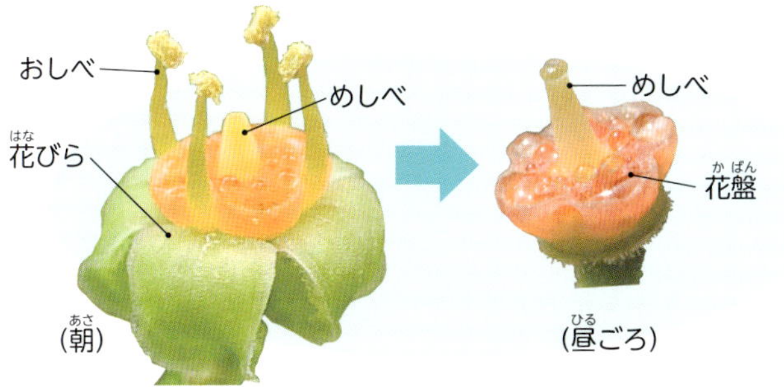

朝、咲き始めのころは花びらとおしべがある。咲き進んで昼ごろになると、おしべと花びらは取れてめしべだけになり、花盤には蜜がたまる

メモ　やぶをおおって枯らすので「藪枯らし」の名前がつきました。ビンボウカズラという別名もあります。

開花期 6〜10月

ハルジオンとの違いを見つけよう

ヒメジョオン

Erigeron annuus キク科

分布	北海道、本州、四国、九州、沖縄
生育地	空き地、校庭、畑の縁、道ばた
生活型	一年草または越年草
高さ	30〜150㎝

花のまわりの舌状花は白色、中側の筒状花は黄色

葉の縁に鋸歯があり、上のほうにつく葉は細くなる

根出葉はスプーンのような形。縁に鋸歯がある

ここに注目！

茎の中は詰まっている。葉のつけ根がせまく、茎を抱かない。どれもハルジオンとの区別点

●群生も美しい

茎が枝分かれして、たくさんの花をつけます。群生して咲く様子は高原の花を思わせます。

初夏の訪れとともに、ハルジオン（P.41）に代わって白い花をあちらこちらで咲かせます。明治維新直前に日本にやって来た帰化植物です。根元につく葉（根出葉）は幅広く、花が咲くころには枯れてしまいます。茎につく葉は細長い三角形で葉の縁に鋸歯があり、ほとんど毛がありません。花序のつぼみの一部がうなだれますが、ハルジオンのように全体がうなだれることはありません。

メモ ハルジオンと同様、単為生殖で種子をつくることができます。

食べてはいけない毒のある実

ヨウシュヤマゴボウ

Phytolacca americana　ヤマゴボウ科

分布	北海道、本州、四国、九州
生育地	空き地、校庭、道ばた
生活型	多年草
高さ	70～250㎝

子房が見え、種子のできる部屋の数がわかる

北アメリカ原産の帰化植物で、日本へは明治時代初期にやって来ました。アメリカヤマゴボウともよばれます。茎や枝は赤みをおびています。葉は長めの楕円形で、長い花序にたくさんの白い花をつけます。花びらは5枚あり、おしべは8～10本です。実は少しゆがんだ球形で、黒っぽいむらさき色に熟します。果汁が手などにつくと、なかなかとれません。実と根に毒のある成分を含むため、けっして口に入れてはいけません。

葉は楕円形で柄がある

若いうちは緑色で、やがてむらさき色に変化し、干しブドウのように黒く熟す

メモ　名前は、「西洋のヤマゴボウ」という意味です。ヤマゴボウも有毒植物で食べられません。

とげが鋭く、ふれると痛い

ワルナスビ

Solanum carolinense　ナス科

分　布	本州、四国、九州、沖縄
生育地	草原、校庭、畑
生活型	多年草
高　さ	50～100㎝

花 野菜のナスの花とそっくり

葉 葉は楕円形で縁は大きく切れ込む

実 黄色い実は直径1.5㎝くらい。ミニトマトによく似ているが毒がある

北アメリカ原産で、輸入された牧草の種子に混じって日本に入ってきた帰化植物で、毒草です。現在では本州より南の暖かい場所に広がっています。茎や葉に鋭いとげがあり、花は白色またはうすいむらさき色で、6～10個の花をまとめてつけます。どんどん増え、とげがあって抜くのがたいへんなのでワルナスビの名がつきました。

おしべの先に穴があり、花にとまったハチの羽の振動で花粉を出すしくみになっている

葉の裏にあるとげ

茎にあるとげ

メモ 切れた根からも芽を出してくるので、除草が難しい植物です。

種子は小さなアンモナイト？

アオツヅラフジ

Cocculus trilobus　ツヅラフジ科

分　布	北海道、本州、四国、九州、沖縄
生育地	校庭、道ばた、林縁
生活型	木本性つる植物
つるの長さ	約5〜10m

おばなには、おしべが6本ある

めばなには、めしべが1本ある。子房は深いみぞで6つに区切られている

つるになってのびて、ほかの植物や柵に巻きつきながら育ちます。おばなをつける株（お株）とめばなをつける株（め株）があります。枝や葉にはこまかい毛が生えています。葉は卵形で、3つの浅い切れ込みがあるものもあります。枝の先や葉のつけ根から花序を出して、黄緑色の小さな花をつけます。がくと花びらは6枚ずつあります。実は丸く、熟すと青みをおびた黒色になります。

実

小さなブドウのような実。毒があるので食べてはいけない

実の中には種子が1個入っている。アンモナイトに似た形をしている

葉の表と裏に毛が生えている

メモ　ツヅラは「つる」のことです。つるが緑色なのでこの名がつきました。つるは枯れると黒くなります。

草原に育つ。庭にも植える

キキョウ

Platycodon grandiflorus　キキョウ科

分布	北海道、本州、四国、九州、植栽
生育地	山野の草原
生活型	多年草
高さ	40～100㎝

実は熟すと、先が5つにさけてこまかい種子を出す

葉には鋭い鋸歯がある

白花のキキョウ

白い花のものはシロギキョウとよばれ、たまに見かけます。園芸種では、ピンク色もあります。

山の日当たりのよい草原に生える多年草です。地下に太い根があり、茎を切ると白い汁が出ます。葉は卵形ですが幅のせまいものもあります。また、縁には鋸歯があります。花はむらさき色で、先端から途中まで5つにさけて星のような形に開きます。花が咲くと先におしべが花粉を出し、そのあとめしべがほかの花の花粉を受け取ります。これは、ホタルブクロ（P.52）などキキョウの仲間と同じ方法です。

おしべはまっすぐのびて、若いめしべを取り囲んでいる。おしべはつぼみのうちに成熟して、花が開いたらすぐに花粉を出す。花粉は、花の底にある蜜を求めてやって来た昆虫によって運ばれる。おしべがしおれると、めしべの先（柱頭）が5つにさけて開き、ほかの花の花粉を受ける

メモ　根を乾燥したものを桔梗根といい、咳や痰を取りのぞくときなどの薬として利用されます。

種子がボールのようにはずむ

ジャノヒゲ

Ophiopogon japonicus　クサスギカズラ科

分　布	北海道、本州、四国、九州、植栽
生育地	山野の林下
生活型	多年草
高　さ	7～15㎝

開花期　7～8月

花

花は下を向いて咲く

種

種子は鳥に食べられるが消化されずに、ふんと一緒に体の外に出る。鳥に食べられて、いろいろなところに運ばれる

山野の林の中などに生える多年草です。土の中で細い茎をのばし、その先から芽を出してどんどん広がります。細いひげのような根の一部に、養分をためたふくらみがあり、漢方では薬として使われます。細長い葉は一年中緑色で、先のほうに少し鋸歯が見えます。夏に白色かうすいむらさき色の花を1～4個つけます。花が咲き終わると、緑色の種子がだんだんとふくらんで、秋にはるり色に熟します。

ここに注目！

根のところどころにあるふくらみは、成長するための栄養タンク

あそぼう！

はずむ種子

むらさき色の皮をむいて、中の白い部分をコンクリートなどのかたい地面に投げてみよう。とても高くはずむよ。

メモ　別名をリュウノヒゲといいます。どちらも、葉の形にもとづいた名前です。

夏の青空に映えるピンクの花

ハス

Nelumbo nucifera　ハス科

分布	池などで栽培
生育地	池、田んぼ
生活型	多年草
高さ	100㎝以上

花の命は4日間。二日目によいかおりがする

種子は楕円形で黒く、かたい皮でおおわれている

茎

葉柄の断面。穴は空気の通り道

夏の朝、丸い葉の間から長い柄を出してピンク色のきれいな花を咲かせます。地下にのびる茎はレンコンといい、私たちの食卓でもおなじみです。原産地はインドといわれ、古い時代に中国からやって来た水草です。日本では田んぼや池で栽培されていて、自然の中では育っていません。葉は直径30～50㎝、水面に浮く葉を浮葉、水上に抜き出る葉を水上葉といいます。

ここに注目！

葉には微小な突起があり、水をはじく。その水滴で葉の表面の泥を落とし、きれいにする。これをロータス効果という

現代によみがえった古代のハス

千葉県の約2000年前の泥炭層から、ハスの種子が発掘され、開花に成功しました。発掘した植物学者の大賀一郎博士により、大賀ハスと名づけられました。現在では日本各地の公園の池などで栽培されています。

メモ　インドとスリランカでは国花で、めでたい花として結婚式で使われます。日本では葬式などに用いられています。

旧暦のお盆のころに咲く花

ミソハギ

Lythrum anceps　ミソハギ科

分布	北海道、本州、四国、九州、植栽
生育地	山野の湿地、庭、畑
生活型	多年草
高さ	50～100㎝

開花期 7～8月

葉のつけ根に数個の花がつく。花びらは5枚

葉は細長い。長さ2～6㎝、幅0.6～1.5㎝

山野の湿地に生える多年草です。畑などで、切り花に使うため植えられているのをよく見かけます。茎の切り口は四角形で、毛はほとんど生えていません。葉は少し細長く、もとのほうは細くなっていて茎を抱きません。花は濃いピンク色で、葉のつけ根に茎を取り囲むように数個つきます。がくに、小さな角のような部分があり、それが横向きにつき出ています。

がくに角のように細長い部分があり、横向きにつき出る

くらべてみよう

エゾミソハギ　ミソハギ科

ミソハギにそっくりで、北海道～九州で見られます。茎、葉の裏、がくなどに短い毛があり、葉のつけ根は茎を抱きます。がくにある細長い部分は、まっすぐ上を向きます。

メモ　お盆の供え物に水をかけるおはらい（禊）に使ったことからミソギハギ（禊萩）とされ、ミソハギの名になりました。

緑の中にたたずむユリの王者

ヤマユリ

Lilium auratum　ユリ科

分布	本州
生育地	山地、丘陵
生活型	多年草
高さ	100～150㎝

内側に茶色の斑点がちらばっている。真ん中の黄色い線は、昆虫に蜜のありかを伝える蜜標

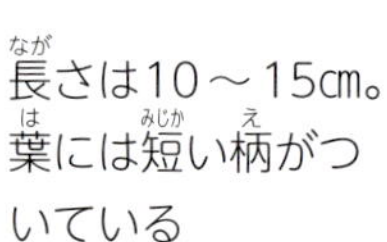

長さは10～15㎝。葉には短い柄がついている

実の中に、300～400個の種子が詰まっている。種子には翼があって、風にのって運ばれていく

日本にのみ生育している多年草です。茎は丸くて、葉は細長く、先のほうがとがりますが、もとのほうが少し広がっています。茎の先に、直径15～20㎝にもなる大きな白い花をいくつもつけます。花は横向きに咲き、強いかおりがあります。花粉は赤茶色で、服などにつくとなかなか取れません。球根（鱗茎）は、スーパーなどで「ゆり根」の名で売られていて、茶わん蒸しなどの材料にします。

くらべてみよう

オニユリ　ユリ科

人里近い山野に生える多年草で、日本各地に分布しています。花の内側に黒い斑点が多数つきます。種子はできず、葉のもとにつくむかごや球根（鱗茎）で増えます。球根は食べられます。

メモ　花粉にはねばりけがあります。このべたつきでチョウの羽にくっついて運んでもらいます。

木をおおって日光をひとりじめ

クズ

Pueraria lobata subsp. *lobata*　マメ科

分布	北海道、本州、四国、九州
生育地	校庭、山野
生活型	つる性半低木
つるの長さ	約10m

花は赤みがかったむらさき色。そばによるとブドウのかおりがする

小托葉

葉

葉柄のつけ根に大きな托葉がある。また、小葉の柄のつけ根にも小托葉とよばれる小さな托葉がある

大型のつる植物で、ほぼ全体に黄色みをおびた白っぽい茶色の毛がびっしり生えています。根は長さ1.5m、直径は約20㎝にもなり、栄養のもとになるでんぷんをたくさんたくわえています。葉は複葉で、3枚の小葉が集まって1つの葉を構成しています。裏と表の両方に毛があり、とくに葉の裏には白い毛がたくさん生えています。昔、クズからつくった繊維は、武士のかみしもに使われました。

葉の落ちたあとの形（葉痕）が面白い。ナマケモノなど動物の顔に見える

クズ返し

クズの茎は1日に30㎝ものびます。電線に巻きついて害を与えるのを防止するために、電柱を支えるワイヤーにポリエチレンを材料にした黒い円筒形などのクズ返しがつけられています。

メモ　家畜のエサにするためクズを移入したアメリカ合衆国では、各地に広がりすぎて害草化し困っています。

開花期 7〜9月

花のつくりは意外にふくざつ

ツユクサ

Commelina communis ツユクサ科

分布	北海道、本州、四国、九州、沖縄
生育地	校庭、畑の縁、道ばた、林縁
生活型	一年草
高さ	12〜50㎝

苞葉は、ふたつ折りになっている

2段咲きになることもある。上の花はおばなで、めしべがない

春の芽生えの様子。生命力の強い植物

夏になると、あちらこちらで見かけます。根元のほうで枝分かれして、根を出しながら地をはい、その途中から枝を出して上にのびます。葉は細長い三角形で先がとがり、つけ根はさやのようになって茎をつつんでいます。花びらは3枚あり、下側の1枚は白く、上側の2枚は大きく青色で目立ちます。ふたつ折りになった葉のようなもの（苞葉）の中につぼみが入っていて、1個ずつ順番にのび出て咲きます。花がしぼむと、その中で実ができます。

かざりのおしべ

めしべ

完全なおしべ

ここに注目！

おしべは全部で6本。黄色いチョウのような形をしているのはかざりのおしべで、昆虫をよぶためにある。下側の2本が花粉を出す完全なおしべで、めしべとともに長く飛び出る

くらべてみよう

マルバツユクサ ツユクサ科

関東地方から西の地域に生えています。ツユクサより小さく、葉は卵形をしています。

メモ 蜜を出さないので昆虫があまり来ません。花がしぼみ出すとめしべとおしべは巻いて、自分の花粉で受粉します。

朝、とっても早起きの花

アサガオ

Ipomoea nil　ヒルガオ科

分布　植栽
生育地　花壇、校庭
生活型　一年草
つるの長さ　約200㎝

朝早く開いて、午後にはしぼむ

葉は、3つに切れ込むもの、切れ込まないものがあり、先がとがる

夏休みの自由研究としてもおなじみのアサガオは、大昔から親しまれてきました。茎がつるになってほかのものに巻きつきながら成長します。原産はヒマラヤ地方といわれています。平安時代に薬として中国から輸入され、日本では江戸時代以降、花や葉の美しさを楽しむために多くの品種改良が行われてきました。花は原種に近いものは青むらさき色で、栽培されるものにはさまざまな色があります。

ここに注目！

実は丸く、中は3つの部屋に分かれている。それぞれの部屋には、種子が2個ずつ入っている。毒があるので口に入れてはいけない

くらべてみよう

ヒルガオ　ヒルガオ科

日当たりのよい草原や畑の縁に生えるつる性の多年草です。花の直径は5～6㎝、めったに実をつけず、おもに地下茎で増えます。

メモ　アサガオの「カオ」は美しい顔のことで、「朝に美しい花を咲かせる」という意味が込められています。

実は忍者のまきびし？

ヒシ

Trapa jeholensis ミソハギ科

分布	北海道、本州、四国、九州
生育地	ため池
生活型	一年草
高さ	約 5㎝（水面から）

花

小さく白い花は直径約1㎝。花びらの先に浅い切れ込みがある

葉

葉には鋸歯がある。上のほうにつく葉は細くなる

茎

水中根

茎の途中から、ひげのような水中根を出し、水や養分を吸収する

池に生える一年草です。水底に根をおろし、長くのばした茎の先に三角形に近いひし形の葉をつけます。葉は水面に浮いて、びっしりとすき間なく広がります。葉の上側の縁にはのこぎりのような鋸歯があり、表面はなめらかで裏側に毛があります。葉柄は長くて毛があり、中央の部分がふくらんで浮き袋の役目をしています。花は夏から秋にかけて咲き、日中に開いてその日の夜にはしおれる一日花です。

実はやや平らで三角形。左右の角にとげがついている。忍者が使った鉄製の「まきびし」は、このヒシの実の形がもとになった

●ヒシの実はどんな味？

ゆでたあと、かたい皮をはいで中を食べるとクリの味がします。恐ろしい寄生虫がいるかもしれないので、生で食べてはいけません。

メモ 実がひしげた（「押しつぶされた」という意味）ような形をしているので、ヒシの名がついたともいわれます。

キツネのひげそり用?

キツネノカミソリ

Lycoris sanguinea var. *sanguinea*　ヒガンバナ科

分布	本州、四国、九州
生育地	林内
生活型	多年草
高さ	30～50㎝

おしべは花びらより少し短い

葉は白みがかった緑色。長さは30～40㎝

実は球形で直径1.5㎝ほど。中に直径6㎜くらいの丸くて黒い種子が入っている

まれに白い花も見られる

林の中の湿った場所に生える多年草です。葉は春に出て、花が咲くころには枯れてありません。細長い葉はやわらかく、先は丸みをおびています。この葉の形を、キツネが使うカミソリに見立てて名前がつきました。地下の球根（鱗茎）から葉を出しています。濃いオレンジ色の花はななめ上に開き、花びらはヒガンバナ（P.89）のようにそり返ったり、縁が波うったりしません。

くらべてみよう

オオキツネノカミソリ　ヒガンバナ科

キツネノカミソリにくらべて、葉の幅が広く、花も大きくなります。おしべが花びらより長いのも特徴です。関東以西の本州～九州に分布しています。

メモ　球根（鱗茎）で増えて群生します。アルカロイドという有毒物質を含む植物です。

ドレスのような花で虫をよぶ

カラスウリ

Trichosanthes cucumeroides　ウリ科

分布	本州、四国、九州
生育地	やぶ、林縁
生活型	多年草
つるの長さ	約 3m

実は球形または楕円形、熟すと赤くなる

葉は3～5か所が切れ込み、鋸歯がある

秋、しばしばつるの先が地面にもぐり込み、先がふくらんで新しい株になる

おばなをつける株（お株）とめばなをつける株（め株）があります。葉と向かいあって出る巻きひげで、ほかの植物などにからみついてのびます。葉は卵形やハート形で、両面に短い毛が密に生えています。真っ白な花の縁はレース飾りのようにこまかく分かれて大きく広がります。夜でも目立つ花の姿とかおりでスズメガを引きよせ、花粉を運んでもらいます。花は夕方から咲いて、翌朝にはしぼみます。

ここに注目！

種子は、七福神の大黒様が持つ打ち出の小づちのような形をしている

くらべてみよう

キカラスウリ　ウリ科

成長した葉に毛はなく、葉の表面はざらつきません。花は日が昇ったあとも咲いていることが多く、実はカラスウリよりやや大きく丸くて黄色に熟します。

メモ　茎の途中にできたふくらみは、カラスウリクキフクレフシとよばれる虫こぶ。中にウリウロコタマバエの幼虫がいます。

白い花がにぎやかに咲く

センニンソウ

Clematis terniflora キンポウゲ科

分布	北海道、本州、四国、九州、沖縄
生育地	校庭、道ばた、林縁
生活型	木本性つる植物
つるの長さ	150〜300㎝

林の縁や道ばたの草原、校庭などに生えるつる植物です。茎は緑色で、毛が寝たようにまばらについています。葉は複葉で、3〜7枚の小葉が集まって1枚の葉を構成しています。秋には葉を落としますが、冬まで緑の葉をつけている株もあります。白い花びらのように見えるのはがくで、4枚あります。花は茎の先か、葉のつけ根から出した茎にいくつもつけ、こんもりかたまって咲きます。

ここに注目！

つるを出して巻きつくのではなく、葉の柄の部分で巻きつく

種子は風にのって運ばれる

実は平べったい形をしています。実が熟すころ、めしべがのびて羽のような白い毛が生えます。この羽で風にのり、あちらこちらに種子が運ばれます。

メモ 漢字で「仙人草」と書きます。花のあとにのびる白い毛を仙人の白髭にたとえた名前では、といわれています。

花は美しいのにひどい名前

ヘクソカズラ

Paederia foetida アカネ科

分布	北海道、本州、四国、九州、沖縄
生育地	草原、校庭、やぶ
生活型	多年草
つるの長さ	200〜300㎝

おしべは5本で、花の内側につく。たくさん生えているこまかい毛は、受粉の役に立たない昆虫の侵入を防ぐため

日当たりのよいやぶや草原、校庭などでよく見かける植物です。全体に特有のにおいがあるので、気の毒な名前がつきました。花は先のほうが広がっていて、白色かうすいピンク色、内側はあざやかな赤むらさき色をしています。花の中をのぞくと、こまかい毛がびっしり生えているのがわかります。この毛は、受粉のための花粉やめしべにふれずに、蜜だけ取っていってしまうアリなどの昆虫が入ってくるのを防いでいます。

●ヘクソカズラを食べる虫

ヘクソカズラは、葉を食べられたときに、自分の身を守るために特有のにおいを出します。ところが、ホシヒメホウジャク（写真）やホシホウジャクというガの幼虫は、このヘクソカズラを食べて育ちます。この例のように、その幼虫が食べる特定の植物のことを食草といいます。

メモ 花がかわいいので早乙女花、早乙女蔓、やいと（お灸）のあとのように見えるので灸花という別名もあります。

開花期 8～10月

夕方に咲き、1日でしぼむ!

オシロイバナ

Mirabilis jalapa　オシロイバナ科

分布	北海道、本州、四国、九州、沖縄
生育地	校庭、畑の縁、道ばた
生活型	多年草
高さ	40～100㎝

葉

葉は茎をはさんで向かい合ってつく。表面はスベスベしていて鋸歯はない

世界各地で栽培されていて、こぼれた種子があちらこちらで芽生えて野生化しています。日本では、江戸時代の初めに、美しい花を楽しむために栽培されるようになりました。花は夕方から咲いて、次の日の午前中にはしぼんでしまいます。種子に詰まった白い粉は胚乳といい、子葉が出るときの養分です。この粉を、化粧品のおしろいに見立てて名前がつきました。

ここに注目!

ゴツゴツした黒い種子の中には、白い粉が詰まっている

花の色はいろいろ

花は、枝の先に集まってつきます。花びらはなく、色づいた部分はがくが合体したものです。花の色は、ピンク、黄、白などがあり、2色混ざった花もあります。

メモ 夕方4時ごろに咲くことから、英語名は Four o'clock（「4時」につぼみが開く植物という意味）といいます。

葉にさわると鋭いとげが痛い

ノハラアザミ

Cirsium oligophyllum　キク科

分　布	本州（岩手県、秋田県～長野県、愛知県）
生育地	草原
生活型	多年草
高　さ	30～100㎝

草原に生える多年草です。根元につく葉（根出葉：写真左下）は、羽のような切れ込みがあり、縁に鋭いとげがあります。花が咲くころになっても、この葉はついたままで地表に広がっています。葉のすじに沿って白い斑点があったり赤むらさき色をおびたりします。茎につく葉は少なく、枝の先に1～3個の花を上向きにつけます。総苞はノアザミ（P.46）と違ってねばりません。

総苞にある総苞片の先が短い針のようになっていて、やや反り返る

葉の縁に鋭いとげがある。さわらないように注意

昆虫がとまると、その刺激で花粉が出てくる

ここに注目！

花粉が出たところ

アザミの仲間は、花粉を出す時期と受け取る時期をずらすことで、別のアザミの花の花粉を受け入れるしくみになっている

花粉を出し終わると、めしべがのびて先が開き、ほかの花の花粉を受け入れる

メモ　ノアザミと間違えやすいので、花が咲く季節とともに総苞片の様子を比較するとよいでしょう。

コラム 2

葉のはたらき

葉の色が、表と裏で違うのはなぜ？

葉のおもなはたらきは、緑色の葉緑素が光や水、二酸化炭素を使って栄養分となるでんぷんをつくることです。この葉緑素は日光がよく当たる表側に集まっているので、多くの植物の葉は裏側より表側のほうが濃い緑色をしています。カラムシやヨモギ（P.91）などは裏側に白い毛がたくさん生えているので、裏側はとくに白く見えます。

ヨモギの葉の裏の様子

つくってみよう！ カラムシのフクロウ

用意するもの

裏が白いカラムシの葉３枚、目の部分に使う丸い紙（穴あけパンチを使うと簡単）、工作用のり、はさみ

かんせい 完成！

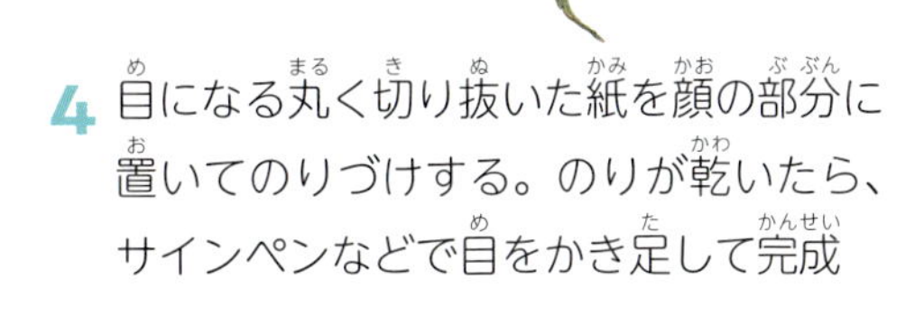

1 胴体になる少し大きめの葉を、白い面を表にして置く

2 顔になる小さめの葉を緑の面を表にして少し重ね、半分に折って動かないようにのりづけする

3 羽にする葉を縦半分にハサミで切り、バランスを見ながら両わきにそえて、のりづけする

裏側の様子

4 目になる丸く切り抜いた紙を顔の部分に置いてのりづけする。のりが乾いたら、サインペンなどで目をかき足して完成

カラムシ　イラクサ科

人家の付近に多く見られる多年草です。昔は織物の材料にしました。葉の裏は白くなっています。たまに葉裏が青いものがあり、それはアオカラムシといいます。

赤いつぶつぶの花をつける

イヌタデ

Persicaria longiseta　タデ科

分布	本州、四国、九州、植栽
生育地	原野、校庭、田のあぜ、道ばた
生活型	一年草
高さ	20〜60㎝

花：赤い花びらのように見えるのはがく

葉：葉の両端が細長くとがる

実：実は茶色く熟す。中には黒い種子が入ってる

茎の下のほうは、枝分かれして地面をはい、上のほうは立ち上がります。葉の先は細くなって少しとがっています。秋に小さな花をびっしりつけ、ピンク色のつぶつぶのかたまりのようです。暖かい地方では春に開花するものもあります。花びらはなく、ピンク色に見えるのはがくで、実が熟したころになっても色はかわりません。別名のアカノマンマは、小さな赤い花を赤飯に見立ててつけたものです。

葉のつけ根の茎を取り巻いている部分は托葉鞘という。縁毛とよばれる針のような長い毛がついている

くらべてみよう

ヤナギタデ　タデ科

水辺や湿地に生え、葉をかむととても辛く、さしみのつまにします。

メモ　葉はヤナギタデのような辛みがなく食用に向かないため、役立たないことを意味する「イヌ」が名前につきました。

ハキダメギク

Galinsoga quadriradiata var. *japonica*　キク科

分布	北海道、本州、四国、九州、沖縄
生育地	空き地、校庭、畑の縁、道ばた
生活型	一年草
高さ	15〜60㎝

開花期 6〜11月

花
舌状花の先は、3つに切れ込んでいる

葉
葉の縁には大きな鋸歯がある

熱帯アメリカ原産の帰化植物です。名前と違い、小さくてかわいらしい花です。長い期間、家のまわりなどで咲いている姿が見られます。茎は何回かふたまたに分かれて広がります。葉は細長い卵形で、向かい合ってつきます。葉の両面に毛があり、3本の脈が目立って見えます。白い舌状花は5枚、真ん中の黄色い筒状花を縁取っています。実は黒く冠毛がついていて、風にのって飛んでいきます。

実
実についている冠毛の先は細くとがり、縁はふさのようになっている

2種類の毛が生えている。横にまっすぐ広がった毛を開出毛という。マッチ棒のように先がふくらんだ毛は腺毛といい、ベトベトした液を出す

花にやって来たハナアブの仲間

メモ　気の毒な名前は、掃きだめ（ゴミ捨て場）のそばで発見されたことからつきました。

そばを通ると服に実がくっつく

ヌスビトハギ

Hylodesmum podocarpum subsp. *oxyphyllum* var. *japonicum* マメ科

分布	北海道、本州、四国、九州、沖縄
生育地	林縁、草原
生活型	多年草
高さ	60～90㎝

花はうすいピンク色。羽を広げたチョウのような形

小葉は卵形で、真ん中の小葉はほかの2枚より大きい

日当たりのよいところに生えています。葉には長い柄があり、3枚の小葉で1つの葉を構成する複葉です。花はピンク色で小さく、虫めがねなどで観察すると、おしべとめしべが見えている花と、見えていない花があります。見えている花は、昆虫がやって来たしるしです。花に昆虫がとまったときに、昆虫の重みで花びらが開き花粉が昆虫の体にくっつきます。なお、一度開いた花はもとには戻りません。

ここに注目！

実は2つにくびれている。表面にびっしり生えたカギ状の毛で動物や服などにくっつき、遠くに運ばれる

くらべてみよう

アレチヌスビトハギ マメ科

アメリカ原産です。花はヌスビトハギより大きく、ピンク色をしています。実は平べったく、4～6つにくびれています。

メモ 名前の由来は、実の形を泥棒のつま先立ちの足跡に見立てた、または実が人目を盗んで服などにつくことから。

イタドリ

Fallopia japonica var. *japonica*　タデ科

分　布	北海道、本州、四国、九州
生育地	校庭、斜面、日当たりのよい荒れ地
生活型	多年草
高　さ	20～150㎝

開花期 7～10月

おばな。花びらのように見えるのはがく

葉身の下側の部分はほとんど一直線。赤い斑の入った園芸種もまれに見られる

羽の形をした実は、熟すと黒っぽい茶色になり風に飛ばされる

おばなをつける株（お株）とめばなをつける株（め株）があります。茎は太く、中は空洞になっています。葉身は楕円形で先は長くとがり、下の部分は水平に切ったようにまっすぐです。花は白色またはうすいピンク色で、穂のようにかたまって咲きます。春に出るタケノコのような新芽は食べられますが、蓚酸という成分があるので、たくさん食べてはいけません。イギリスでは観賞用として植えています。

葉身のつけ根に、蜜腺がある。ここから出る蜜にアリが集まる

メモ　イギリスでは、増えすぎたイタドリの駆除のため、イタドリだけを食べるイタドリマダラキジラミを日本から導入しました。

実をつなげて首飾りにできます

ジュズダマ

Coix lacryma-jobi var. *lacryma-jobi*　イネ科

分布	北海道、本州、四国、九州
生育地	水辺
生活型	多年草
高さ	1〜1.5m

花

卵形をした部分は苞鞘とよばれ、中にメスの小穂がある。先から出ている細長いものはオスの小穂。写真は開花前の姿

熱帯アジア原産で、日本には古い時代に入ってきました。稈（イネ科の茎のこと）は直立し、葉をたくさんつけて株をつくります。1つの花序にメスとオスの小穂があり、卵形をした実のような苞鞘とよばれるものの中にメスの小穂があり、白い柱頭だけを外に出しています。オスの小穂は緑色で苞鞘からのびた柄に数個つき、のちに散り落ちます。実が熟すころに苞鞘はかたくなり、茶色〜灰色に変化します。

ここに注目！

目立たないけど複雑な花

あそぼう！

ジュズダマのビーズ

苞鞘から、熟した実の芯を引っ張って抜きます。残ってしまったら、針などで突っついて取りのぞきます。穴にテグスなどを通して、ブレスレットやネックレスをつくりましょう。

 メモ 数珠をつくって遊んだことが名前の由来です。

繊細な姿だけどじょうぶな草

メヒシバ

Digitaria ciliaris イネ科

分布	北海道、本州、四国、九州、沖縄
生育地	校庭、畑の縁、道ばた
生活型	一年草
高さ	10～50㎝

開花期 7～11月

花

おしべの葯（花粉が入っている袋）がはじけたもの

葉

葉はやや幅広で細長い

長い花序が2～8本出ていて、小穂とよばれるイネ科特有の花をびっしりつけます。気をつけて見ると、花序は離れて2～3段ついているのがわかります。小穂は、熟すと風で飛び散って勢力を広げます。名前は、よく似たオヒシバにくらべて小型で繊細なことからつきました。茎の節から根を出すので抜くのが難しく、厄介な草です。

あそぼう！

メヒシバの傘

最初に花序を1本取っておきます。残りの花序を下に曲げます。取っておいた花序で茎に結びつけたらできあがりです。

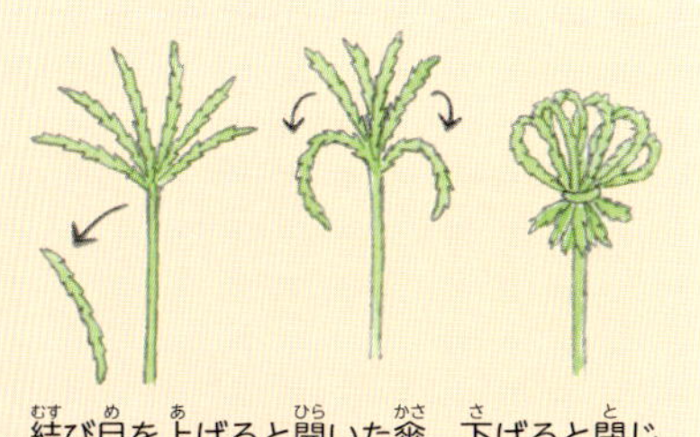

結び目を上げると開いた傘、下げると閉じた傘になります

くらべてみよう

オヒシバ イネ科

メヒシバより大型で花序も太く、同じような場所に生える一年草です。

メモ 芽生えは5月ごろからで、畑など人手の加わったところに密生します。

開花期 8～9月

花は小さいが、ダイズの原種

ツルマメ

Glycine max subsp. *soja*　マメ科

分布	北海道、本州、四国、九州
生育地	草原、校庭、道ばた
生活型	一年草
つるの長さ	約 3m

花のまわりを囲むように見える花びらを、旗弁という。白いのは翼弁、真ん中の筋のように見えるのは竜骨弁とよぶ

3枚の小葉が集まって1つの葉となる

やせた枝豆のような実

平地の日当たりのよい草原や校庭、道ばたでよく見られるつる植物です。茎には粗い毛が下向きに生えています。葉は複葉で、3枚の小葉が集まって1つの葉を構成しています。葉のつけ根から花序を出して、うすい赤むらさき色の蝶形の花を3～4個つけます。実はダイズに似て、長い楕円形で茶色い毛がびっしりと生えています。中には平たい楕円形をした黒い種子が2～3個入っています。

くらべてみよう

ダイズ　マメ科

中国原産の一年草で、若い実を収穫したものが枝豆です。茎はまっすぐ立ち、上部でつるになるものもあります。

メモ　茎がつる状になってのび、豆がなることからこの名前がつきました。ダイズの原種といわれています。

葉が人の顔にたとえられた

オモダカ

Sagittaria trifolia オモダカ科

分布	北海道、本州、四国、九州、沖縄
生育地	浅い池、水田
生活型	多年草
高さ	20～80cm

上におばな、下にめばなをつける

葉が人の顔のよう

実は球形

地下で茎を出し、その先に小さな球根(塊茎)をつけて増えます。もちろん種子でも増えます。水の中にある若い葉は細長く、大きく成長すると長い柄がのびて水面から出ます。葉は、下のほうが2つにさけて矢じりのような形をしています。白い花が3個ずつ茎を囲むようにつきます。おばなとめばながあり、茎の上のほうにおばな、下のほうにめばながつきます。

2つにさけた下のほうの葉の先は細くとがる

メモ 正月のおせち料理によく使われるクワイは、オモダカの球根を食用に改良したものです。

開花期 8〜10月

緑の中の線香花火?

カヤツリグサ

Cyperus microiria カヤツリグサ科

分布	本州、四国、九州
生育地	校庭、畑の縁、道ばた
生活型	一年草
高さ	30〜40㎝

小穂の先はとがっている

実は熟すと次々にこぼれ落ちる

茎の切り口は三角形で、根元には葉が1〜3枚つきます。茎の先に苞葉とよばれる小さな葉が3〜4枚あり、その間からいろいろな長さの枝を3〜10本出します。そこに小穂とよばれる黄色い小さな花のかたまりをたくさんつけ、線香花火のように見えます。この植物の仲間にはよく似たものが多く、区別するのが難しいです。茎をさいて広げると、蚊帳をつったときにできる四角形に似ることから、この名前がつきました。

あそぼう!

カヤツリグサの相性占い

茎の両方のはしを2つにさきます。さいた茎のはしをお互いに持って引っぱり合いながらさいていきます。四角になれば「相性がよいふたり」です。

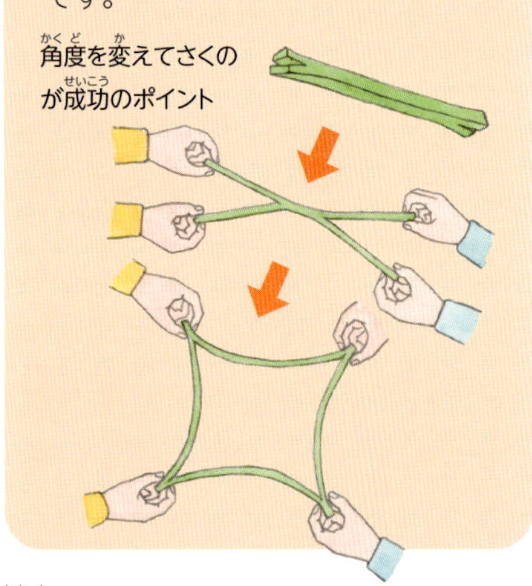

 メモ 古代エジプトで使われていたパピルス紙の原料は、カヤツリグサの仲間のカミガヤツリです。

草丈にくらべて小さな花

キツネノマゴ

Justicia procumbens var. *leucantha* f. *japonica* キツネノマゴ科

分布	本州、四国、九州
生育地	校庭、道ばた、林縁
生活型	一年草
高さ	10～40㎝

花びらは、上唇と下唇の2つに分かれる

葉の先はとがっている

茎は根元から横にのび、たくさんの枝を出します。花は枝先に穂のように密集して、うすいピンク色の花をつけます。花序には、がくとほぼ同じ長さの苞葉が混じるので、込み合って見えます。花は上下2つに分かれていて、上を上唇、下を下唇といいます。2本のおしべと1本のめしべがあり、両方とも上唇についています。下の花びらには、昆虫に蜜のありかを教える白い模様（蜜標）があります。

昆虫が花にもぐりこんで蜜をなめようとしている様子。このとき、花粉が昆虫の頭や背中につく

くらべてみよう

ハグロソウ キツネノマゴ科

キツネノマゴと同じころに咲きます。うすいピンク色の花は、上と下に分かれています。林縁などの日かげに生え、花の色が緑の中で目立ちます。

メモ 沖縄には、葉のやや厚いキツネノヒマゴという変種が生育しています。

開花期 8〜10月

実はひっつき虫で服につく

オオオナモミ

Xanthium occidentale キク科

分布	北海道、本州、四国、九州
生育地	荒れ地、草原、道ばた
生活型	一年草
高さ	50〜200㎝

おばなの下のほうにめばながつく

葉 3つに、まれに5つにさける

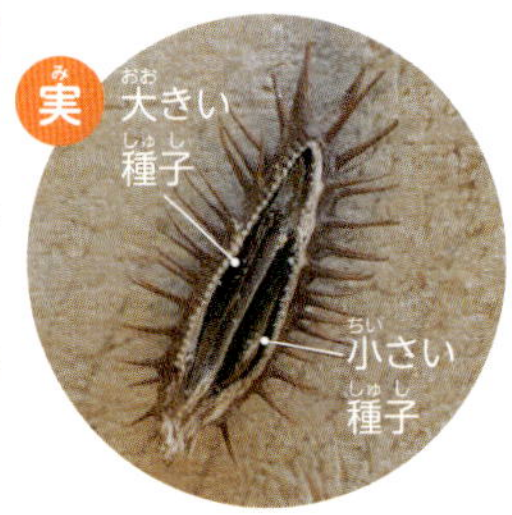

実の断面。大きい種子が先に芽を出し、小さい種子は遅れて芽を出す

メキシコ原産の帰化植物です。葉は卵形または円形で3つに切れ込み、縁には鋸歯があり、先はとがっています。おばなとめばながあり、同じ株にそれぞれかたまって咲きます。おばなは茎の先に、めばなは下のほうにつきます。実をつつんでいるイガ（とげがついた皮）は楕円形で、先が曲がったとげがびっしり生え、動物の体や人間の服について遠くに運ばれます。実の中には大小2つの種子が入っています。

とげの先がカギ状に曲がっていて、これで服などにくっつく。

あそぼう！

実で文字をつくってあそぼう

服や帽子に、オオオナモミの実を並べてイニシャルを描いてみましょう。とげでケガをしないように注意しましょう。

メモ オオオナモミやヌスビトハギ(P.76)など、洋服や動物の体にくっついて運ばれる種子を「ひっつき虫」とよぶことがあります。

お月見に団子と一緒に飾る

ススキ

Miscanthus sinensis　イネ科

分布	北海道、本州、四国、九州、沖縄
生育地	校庭、山野
生活型	多年草
高さ	1～2m

開花期 8～10月

花

ぶら下がっているのはおしべの葯（花粉が入っている袋）。花粉は風で運ばれる

葉

葉の縁をさわると、ザラザラする

日本各地の山野で、どこでも見られる多年草です。伐採の跡地など、人の手が入った場所によく生えます。夏は青々としていますが、秋が深くなると葉や茎は枯れてしまいます。葉は細長く、中央の白い線が目立ち、縁はザラザラしています。よく似た植物にオギありますが、ススキのように株とならず1本ずつ立ち、小穂には芒とよばれるひげのような部分がありません。

ここに注目！

葉のつけ根の部分には毛がたくさんある

●お守りだったススキのミミズク

ススキのミミズクは、東京で郷土玩具やお守りとして雑司ヶ谷の鬼子母神などで売られ昔から親しまれてきました。下の写真のように自分でもつくれるので、つくり方を調べてかわいいミミズクをつくってみましょう。

メモ 草ですが、名前は、すくすく立つ木に見立てたことからつきました。

ユニークな花、庭にも植えられる

ホトトギス

Tricyrtis hirta　ユリ科

分　布	北海道、本州、四国、九州
生育地	山地の林縁
生活型	多年草
高　さ	40〜80㎝

花

花びらは斜め上に開く

葉

葉は茎を抱く

実

実は上につき出す

山地の林の縁などの、日当たりが強くない場所に生えています。茎はややまっすぐにのび、葉のつけ根に花を2〜3個つけます。茎にはたくさんのこまかい毛が斜め上向きに生え、楕円形の葉にもやわらかい毛があり、フワフワした手触りです。花びらは斜めに開き、赤むらさき色の斑点が目立ちます。おしべを虫めがねなどで見ると、上のほうでそり返り葯（花粉が入っている袋）がT字状についているのがわかります。

くらべてみよう

タイワンホトトギス　ユリ科

花はピンク色。観賞用に庭などに植えられていますが、野生化しているものもあります。西表島では自生しています。

メモ　花の赤むらさき色の斑点が、鳥のホトトギスの胸の模様に似ていることが名前の由来です。

別の名前は、ネコジャラシ

エノコログサ

Setaria viridis var. *minor*　イネ科

分布	北海道、本州、四国、九州、沖縄
生育地	草原、校庭、畑の縁、道ばた
生活型	一年草
高さ	20～70㎝

開花期 8～11月

穂でなでると、くすぐったいよ

小穂の長さは約2㎜で卵形

葉は細長く、長さは5～20㎝

枯れてもかたい毛はそのまま。種子は熟すと地面に落ちる

ネコジャラシの名前でも親しまれています。葉は細長く、つけ根でねじれて裏と表が逆転し、本来の表側が下に向いています。茎の先に長さ6～9㎝の円柱状の花序をつけます。花序は緑色で、2㎜ほどのつぶつぶ（小穂）をびっしりつけます。そのつけ根には長い毛があって、穂を軽くにぎるとフワフワしています。よく似たものにアキノエノコログサがあり、穂の先がたれ下がっているのが特徴です。

くらべてみよう

アキノエノコログサ　イネ科

そっくりなアキノエノコログサは、つぶつぶ（小穂）がやや大きく、穂の先がたれます。

メモ　穂が子犬の尾に似ており、「狗（犬）の子草」とよばれていたのが変化して、エノコログサという名前になりました。

長いブラシのような穂

チカラシバ

Pennisetum alopecuroides　イネ科

分　布	北海道、本州、四国、九州、沖縄
生育地	草原、校庭、道ばた
生活型	多年草
高　さ	30～80㎝

花

おしべが風でゆれ、花粉を飛ばす

実

実は毛と一緒にはずれる

草原や校庭、道ばたなど日当たりのよいところに生え、丈夫で大きな株になる多年草です。葉は細長く濃い緑色で、根元に集まってつきます。茎の先にブラシのような形の花序をつけ、こげ茶色のつぶつぶ（小穂）が並びます。そのつけ根には黒っぽいむらさき色をした長い毛があり、秋が深まったころ、この毛によって熟した実が動物や洋服についてあちらこちらに運ばれていきます。

くらべてみよう

アオチカラシバ　イネ科

チカラシバの中には、うすい緑色の毛をつけたものもあり、これをアオチカラシバといいます。

メモ　地面に強く根が張っていて、力いっぱい引き抜こうとしても抜けないことからこの名前がつきました。

花と葉が、違う季節に現れる

ヒガンバナ

Lycoris radiata　ヒガンバナ科

分　布	北海道、本州、四国、九州、沖縄
生育地	河川敷、畑の縁、墓地、道ばた
生活型	多年草
高　さ	30 ～ 50㎝

開花期　9月

夏の終わりにつぼみがニョッキリと出てくる。花が開くと、長いおしべとめしべがつき出る

葉は細長く、長さ30 ～ 60㎝。濃い緑色で、冬の間に見ることができ、春には枯れる

秋のお彼岸のころに花を咲かせることからこの名前があります。別名のマンジュシャゲ（曼珠沙華）もよく知られていますが、方言では550以上のよび名があります。中国から古い時代にやって来て、今では人が住んでいる場所のあちらこちらに生えています。花は赤く、細長い花びらが6枚あり、大きくそり返っています。花が咲き終わった晩秋に葉が現れ、翌年の3 ～ 4月には姿を消します。

ここに注目！

球根（鱗茎）には有毒成分があり、そのまま食べると中毒をおこす。でんぷんをたくさん含んでいるため、昔は食べるものがない飢きんのときに、水にさらして毒を抜いて食用にした

メモ　はなやかな花ですが、昔は不吉な花として嫌われていました。「シビトバナ」など怖い方言名もあります。

黄色い花が、点々と茎の先につく

コセンダングサ

Bidens pilosa var. *pilosa*　キク科

分布	本州、四国、九州、沖縄
生育地	校庭、山道、道ばた
生活型	一年草
高さ	50〜110㎝

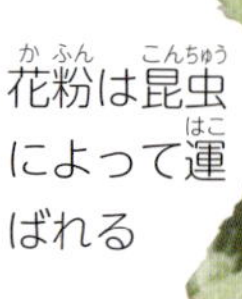

花粉は昆虫によって運ばれる

花

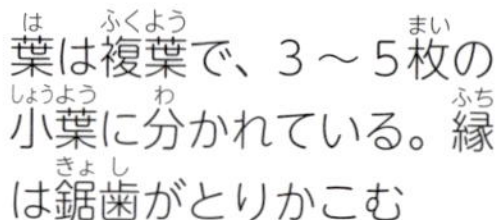

葉は複葉で、3〜5枚の小葉に分かれている。縁は鋸歯がとりかこむ

葉

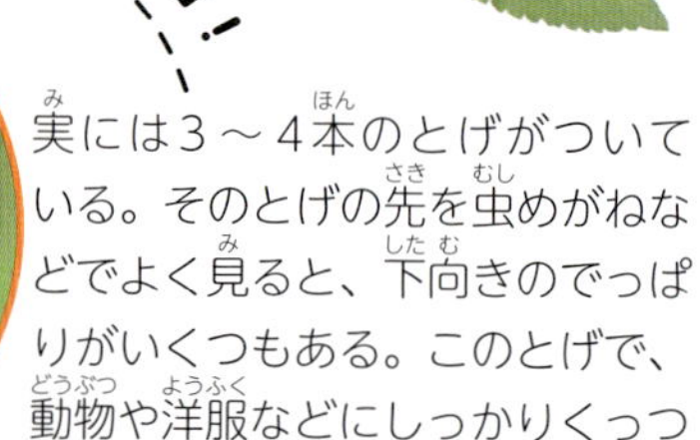

ここに注目！

実には3〜4本のとげがついている。そのとげの先を虫めがねなどでよく見ると、下向きのでっぱりがいくつもある。このとげで、動物や洋服などにしっかりくっついて運ばれる

熱帯アメリカ原産の帰化植物で、世界各地に帰化しています。道ばたや校庭、山道などでふつうに見かけます。花（頭花）は黄色い筒状花だけが集まってついていますが、まれに短い舌状花をつけるものもあります。茎にはこまかい毛がたくさん生えていて、上に向かってのびます。この茎を横に切ってみると、切り口は四角形〜六角形をしています。実は動物などによって運ばれます。

くらべてみよう

アメリカセンダングサ　キク科

北アメリカ原産で、日本各地で見られます。水田の近くなど、湿り気のある場所にも生えています。花のまわりに、葉のような細長い総苞をつけるのが特徴で、ほかのセンダングサとの違いでもあります。

メモ　植物学者の牧野富太郎がつけた名で、「小さいセンダングサ」という意味ですが、大きさはセンダングサと変わりません。

ヨモギ

Artemisia indica var. *maximowiczii*　キク科

分布	本州、四国、九州
生育地	校庭、山野、道ばた
生活型	多年草
高さ	60～120㎝

開花期 9～10月

花

頭花が、花序にたくさん集まってつく。頭花は小さな花が集まって1つの花のようになったもの。ひも状の部分はめしべ

葉

葉は深く切れ込んでいる。葉のわきには仮托葉という小型の葉がある

葉の裏

仮托葉

夏に、大きくのびるよ！

山野や道ばた、校庭などでふつうに見られる多年草で、種子のほか、地下茎をのばして増えるため一か所にたくさん生えている姿もよく見かけます。夏に高くのびるので、春のころとは見た目が「本当に同じ植物？」というくらい違います。夏から秋にかけて、花序に小さな花（頭花）をたくさんつけます。葉の形は、株やつく場所によっていろいろです。茎と葉の裏側には、綿毛がびっしり生えています。

ヨモギの活用術いろいろ

ヨモギは、昔から薬草などとして生活の中でいろいろと利用されてきました。たとえば、若葉はかおりがよいことから、草もちやヨモギ茶に用いられます。葉の裏側にある綿毛からは、お灸の材料のもぐさがつくられます。

春まだ寒いころのヨモギの様子

メモ 名前のいわれはよくわかっていません。カズザキヨモギという別名もあります。

開花期 9〜11月

秋に咲く青むらさき色の花

リンドウ

Gentiana scabra var. *buergeri*　リンドウ科

分布	北海道、本州、四国、九州
生育地	山地の湿地など
生活型	多年草
高さ	30〜80㎝

花

つぼみはねじれて重なっている。リンドウ科の特徴のひとつ

葉

葉は細長く、先は長くとがっている

茎はこげ茶色をしたものが多く、まっすぐまたは斜め上に向かってのびます。葉の縁には、こまかいでっぱりがあるため、さわると少しザラザラします。青むらさき色の花はつり鐘のような形をしていて、茎の先や葉のわきに数個かたまってつきます。花の縁は三角形の花びらのように5つに分かれていますが、その三角の間にさらに小さなとんがりがあります。また、花の内面には茶色い斑点があります。

ここに注目！

花が開くとおしべが先に熟し、昆虫に花粉を運んでもらう。その後、めしべの先が2つにさけ花粉を受け取る。自分の花粉を受け取らないようにするしくみ

くらべてみよう

エゾリンドウ　リンドウ科

中部地方から北海道にかけて分布します。リンドウより大型で、まっすぐのびます。茎の先と葉のわきに花をつけます。花はリンドウのように広く開きません。

メモ　漢方では、根を乾燥させたものを胃薬に使います。

コラム 3

つかまえ方いろいろ

食虫植物の世界

食虫植物は、水中や土壌の養分が少なくて、生活をするのが困難なところに生えています。足りない養分をおぎなうため、虫をつかまえて消化、吸収しています。虫のつかまえ方は、おもに次のような方法があります。

わな式

よく知られているのは、ハエトリグサのわな式です。開いている葉の内側に感覚毛というセンサーがあり、虫が２回さわると、葉が閉じて虫をとらえ消化します。牧野富太郎が見つけたムジナモもこのタイプの植物です。

ハエトリグサ

粘りつけ式

モウセンゴケ

モウセンゴケやムシトリスミレなどの方法です。葉にたくさんある腺毛から出す粘液で虫をとらえ、消化します。

吸い込み式

タヌキモやミミカキグサなどの虫の取り方です。捕虫嚢とよばれる袋を持っていて、スポイトのようにプランクトンなどの虫を捕虫嚢の中に吸い込んでとらえます。

タヌキモ

落とし穴式

ウツボカズラは葉の先端に捕虫袋があり、袋の蓋の裏や縁にある蜜腺から虫の好む物質を出し、虫を捕虫袋に誘い込みます。捕虫袋の壁はツルツルで滑りやすく、穴に落ちた虫は消化されます。サラセニアも長いつぼのような葉で虫をとらえる落とし穴式です。

ウツボカズラ

さくいん

＊太字は図鑑ページの見出しで紹介している植物です。

ア行

カ行

サ行

タ行

ナ行

ハ行

マ行

ヤ行

ラ行

ワ行

山田隆彦（やまだ・たかひこ）

同志社大学工学部卒業。学生時代に植物に興味を持ち、会社勤めをしながら休日を利用して全国の高山植物や植物（特にスミレ）を訪ね歩いた。現在、公益社団法人日本植物友の会会長。朝日カルチャーセンターなどで植物講座や観察会の講師をつとめる。著書に『スミレハンドブック』『新版高尾山全植物』（文一総合出版）、『スミレ探訪72選』『万葉歌とめぐる野歩き植物ガイド〈共著〉』シリーズ（太郎次郎社エディタス）、『自然散策が楽しくなる！ 草花・雑草図鑑』『自然散策が楽しくなる！ 花図鑑』（池田書店）、『見わけがすぐつく 野草・雑草図鑑』（成美堂出版）、『神秘的で美しい花図鑑』（ナツメ社）ほか多数。監修に『自然散策が楽しくなる! 葉っぱ・花・樹皮で見わける樹木図鑑』（池田書店）、『植物生きざま図鑑 草木に学ぶ生きぬくヒント』（Z会）などがある。

カバー・本文デザイン	鷹觜麻衣子
本文イラスト	角しんさく
カバーイラスト	すみもとななみ
編集協力	松井美奈子（編集工房アモルフォ）
本文DTP	松井孝夫（スタジオプラテーロ）
写真・作品協力	岩槻秀明（P.15 カラシナ写真）
	佐々木あや子（P.32 セトガヤ写真）
	大松啓子（P.43 シロツメクサの冠の作品）
	網島康子（P.73 カラムシのフクロウの作品・作り方） （P.78 ジュズダマの作品） （P.85 ススキのミミズクの作品・写真）
	松永帆高（P.84 オオオナモミの作品）
校閲	森弦一（株式会社ウッズプレス）
校正協力	株式会社ぷれす
	村上理恵

学校のまわりで出あう
草花・雑草ずかん

著　者　山田隆彦
発行者　池田士文
印刷所　TOPPAN クロレ株式会社
製本所　TOPPAN クロレ株式会社
発行所　株式会社池田書店
〒162-0851
東京都新宿区弁天町 43 番地
電話 03-3267-6821（代）
FAX 03-3235-6672

落丁・乱丁はお取り替えいたします。

ISBN 978-4-262-15752-8

[本書内容に関するお問い合わせ]
書名、該当ページを明記の上、郵送、FAX、または当社ホームページお問い合わせフォームからお送りください。なお回答にはお時間がかかる場合がございます。電話によるお問い合わせはお受けしておりません。また本書内容以外のご質問などにもお答えできませんので、あらかじめご了承ください。本書のご感想についても、当社HPフォームよりお寄せください。
[お問い合わせ・ご感想フォーム]
当社ホームページから
https://www.ikedashoten.co.jp/

25000004

《参考文献》
『絵でわかる植物の世界』大場秀章監修、清水晶子著（講談社）／『観察する目が変わる植物学入門』矢野興一著（ベレ出版）／『したたかな植物たちーあの手この手の㊙大作戦』多田多恵子著（株式会社エスシーシー）／『したたかな植物たち 秋冬編』多田多恵子著（筑摩書房）／『写真で見る植物用語』岩瀬徹・大野啓一著（全国農村教育協会）／『植物用語小辞典』矢野佐著（ニュー・サイエンス社）／『図説植物用語辞典』清水建美著、梅林正芳画、亘理俊次写真（八坂書房）／『スミレハンドブック』山田隆彦著（文一総合出版）／『自然散策が楽しくなる! 草花・雑草図鑑』山田隆彦著（池田書店）／『野草図鑑①～⑧』長田武正著、長田喜美子写真（保育社）／『週刊朝日百科 植物の世界』（朝日新聞社）／『改訂新版 日本の野生植物 1～5』大橋広好・門田裕一ほか編、『身近な薬用植物』指田豊・木原浩著（平凡社）／『新図解 牧野日本植物図鑑』牧野富太郎原著（北隆館）／『増補改訂新版 野に咲く花』門田裕一監修（山と溪谷社）／『新維管束植物分類表』米倉浩司著（北隆館）／『植物分類表』大場秀章編著（アボック社）／『エイリアン植物記 帰化植物の素顔と来歴』淺井康宏（ウッズプレス）／『日本帰化植物写真図鑑 1～2巻』清水矩宏・森田弘彦・廣田伸七ほか編著（全国農村教育協会）／『園芸植物大事典』塚本洋太郎総監修（小学館）／「BG Plants 和名ー学名インデックス(YList)、http://ylist.info」米倉浩司・梶田忠